工业化建筑部品设计

主 编 王 伟

副主编 赵 锋 李钰哲

西安交通大学出版社

XI'AN JIAOTONG UNIVERSITY PRESS

图书在版编目(CIP)数据

工业化建筑部品设计／王伟主编. -- 西安：西安
交通大学出版社，2024.8. -- ISBN 978-7-5693-1685-8

Ⅰ.TU27

中国国家版本馆 CIP 数据核字第 2024B32H65 号

GONGYEHUA JIANZHU BUPING SHEJI

书　　名	工业化建筑部品设计	
主　　编	王　伟	
责任编辑	郭　剑	
责任校对	李逢国	
装帧设计	伍　胜	

出版发行　西安交通大学出版社

（西安市兴庆南路 1 号　邮政编码 710048）

网　　址　http://www.xjtupress.com

电　　话　(029)82668357　82667874(市场营销中心)

（029)82668315(总编办)

传　　真　(029)82668280

印　　刷　中煤地西安地图制印有限公司

开　　本　787mm×1092mm　1/16　　印张　11.5　　字数　220 千字

版次印次　2024 年 8 月第 1 版　　2024 年 8 月第 1 次印刷

书　　号　ISBN 978-7-5693-1685-8

定　　价　36.00 元

如发现印装质量问题,请与本社市场营销中心联系。

订购热线:(029)82665248　(029)82667874

投稿热线:(029)82664840

序

近年来,随着经济的发展和社会的进步,建筑技术不断提高,人们的生活方式发生了很大的变化,这要求未来住宅要适应新的生活方式和新的生产模式。建筑工业化则是建筑行业的一次重大变革,通过引入工业化生产模式和理念,实现了建筑行业从传统手工生产向现代化、智能化的转变。然而在过去几十年内,我国建筑工业化的进程依然较为缓慢,因此国家出台若干政策提出要强力推进建筑工业化的发展建设。

针对建筑工业化发展的需求,本着兼顾人才培养和学科建设的理念,我们编写了《工业化建筑部品设计》这本教材。本教材面向工业设计专业本科生开设,运用交叉学科的理念,目的是让学生综合运用所学理论知识,培养学生对工业化建筑的认知能力,使他们掌握关于工业化建筑部品的相关知识及理论体系。学生通过对工业设计专业特色与建筑学专业特点进行学习与实践,并进行工业化建筑及其部品方面设计的初步训练,可熟悉和掌握工业化建筑,特别是工业化小型建筑产品的特点及设计原则、方法,并具备相应能力。通过学习本教材,学生能够系统地掌握建筑设计、工业设计、工业化建筑部品设计、建筑附属设施类产品设计、绿色建筑材料、工业化建筑部品中的新技术及其应用等相关理论知识。同时,这本教材还能有效培养学生的实践能力和创新思维,为他们在建筑领域的发展提供有力支持。

本教材基于实践经验和基础理论而编写,体现了新的教学理念。笔者注重不同学科的交叉融合,将实际案例和经验融入教材中,力求学生初步掌握教学大纲规定的各项要求,并通过对实际案例的讲解达到理论与实践相结合的目的,同时利用对实际项目的参与来使学生掌握设计方法和技能,为学生构建横向和纵向的知识结构体系。

目 录

CONTENTS

第 *1* 章

相关概念与理论

1.1 建筑设计相关概念

1.1.1 建筑设计的定义与发展

1.建筑设计定义

建筑设计(architectural design)是指建筑物在建造之前,设计者按照建设任务,把施工过程中所存在的或可能发生的问题,事先做好通盘的设想,拟订好解决这些问题的办法、方案,并用图纸和文件表达出来,作为备料、施工组织工作和各工种在制作、建造工作中互相配合协作的共同依据。建筑设计便于整个工程得以在预定的投资限额范围内,按照周密考虑的预定方案,统一步调,顺利进行,并使建成的建筑物充分满足使用者和社会所期望的各种要求。建筑设计涵盖了从概念构思到建筑实现的整个过程,包括设计方案的制订、施工图的绘制、材料选择、施工管理等环节(图1-1)。

图1-1 建筑设计

传统建筑设计是指在历史上具有特定历史文化背景的建筑设计方式,通常注重建筑结构、材料、装饰、色彩等多个方面的统一,以满足当地人们的生活需求和审美要求。传统建筑设计的具体表现方式因地域而异,在不同的文化和历史背景下有着不同的特点。例如,中国传统建筑设计强调建筑的结构和装饰的协调,并重视建筑内外的空间布局(图1-2);而西方传统建筑设计则注重建筑的外观造型和内部功能布局(图1-3)。

图1-2　中国传统建筑设计　　　　图1-3　中西方建筑对比

建筑设计的核心目的是确保整个工程在投资预算范围内按照周密考虑的方案顺利进行,并使建成的建筑物满足使用者和社会的期望及要求。设计过程不仅包括建筑物的外观形态、内部空间布局和结构安排,还涉及建筑物理设计(如声学、光学、热学设计)以及建筑设备设计(如给排水、供暖、通风、空调、电气设计)等方面。

总的来说,建筑设计是一个综合性的过程,它涉及技术、经济、社会和审美等多个方面,旨在创造出既实用又美观的空间环境。

2.建筑设计的发展

建筑设计的发展历史可以追溯到古代文明时期,各个文明都有其独特的建筑风格和技术。不同时期的建筑主要以实用和防御为主要目的,如古埃及的金字塔、古希腊的神庙和古罗马的竞技场等。这些建筑不仅展示了古人对空间和结构的掌握,也反映了当时社会的宗教观念和政治力量。

1)古代建筑

古代建筑的建筑设计和建筑施工并没有很明确的界限,施工的组织者和指挥者往往也就是设计者。在欧洲,由于以石料作为建筑物的主要材料,这两种工作通常由石匠的首脑承担;在中国,由于建筑以木结构为主,这两种工作通常由木匠的首脑承担。他们根据建筑物主人的要求,按照师徒相传的成规,加上自己一定的创造性,营造建筑并形成了建筑文化(图1-4)。此外,我国现存的许多古建筑不仅具有历史价值,还具有很高的艺术和科学价值。例如平遥城墙(图1-5)是现存最好的古城墙之一,岳阳楼(图1-6)则是三大名楼中唯一保持原貌的古楼。古埃及、美索不达米

亚、古希腊和古罗马等文明都建造了许多令人叹为观止的建筑,如埃及的金字塔(图
1-7)、希腊的帕特农神庙、罗马的斗兽场等。这些建筑代表了当时的宗教、政治和文
化特征,展现了古代人类的建筑技术和审美理念。

图 1-4 木结构建筑

图 1-5 平遥城墙

图 1-6 岳阳楼

图 1-7 金字塔

2)中世纪建筑

中世纪,中国古代建筑受到外来文化特别是佛教的影响,建筑形式发生了改变,
而且出现了大量的佛寺建筑群,雕刻艺术得到了充分的发展。中世纪的欧洲建筑被
细分为三种不同类型——宗教建筑、军事建筑和公民建筑。宗教礼拜场所的建筑主
要为罗马式和哥特式风格,这些建筑不仅用于宗教仪式,还是当时社会文化和艺术的
中心。罗马式建筑(图 1-8)是中世纪早期的主要建筑风格,以坚实的石墙、圆拱门
和少量的装饰而著名。这种风格的建筑旨在给人留下深刻的印象,并显示出教会的
权力和威严。哥特式建筑是中世纪后期的主要建筑风格,以尖塔、飞扶壁和丰富的雕
刻而著名。哥特式建筑旨在营造一种光与空间的感觉,并通过彩色玻璃窗画来讲述
圣经故事,如巴黎圣母院(图 1-9)。

图 1-8　罗马式建筑　　　　　　　　图 1-9　巴黎圣母院

3）文艺复兴时期的建筑

文艺复兴时期是欧洲建筑设计的重要转折点，标志着从中世纪向现代的过渡。这一时期的建筑风格主要体现在对古典文化的复兴和对人的尊重上。人们重新审视古典建筑，提倡对古希腊和古罗马建筑的模仿和借鉴。意大利的文艺复兴建筑师布鲁内莱斯基和米开朗琪罗都对后世建筑产生了深远影响。

文艺复兴时期的欧洲建筑风格吸收了古罗马式、拜占庭式以及哥特式建筑的特点，开创出了一个全新的风格。文艺复兴时期的建筑抛弃了哥特式建筑强调神权至上的特点，通过人体美学的对称，把建筑特点更好地展示了出来。布拉曼特设计的坦比哀多礼拜堂（图 1-10）是这个时期的代表作，足以媲美古典时期的建筑，更获得了16世纪建筑师帕拉第奥的盛赞。圆形集中式建筑充满了美感和宗教感，各个建筑部件的比例都经过严谨计算。

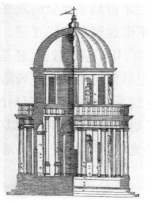

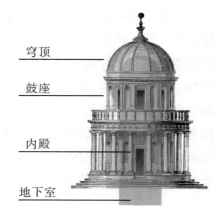

穹顶

鼓座

内殿

地下室

图 1-10　坦比哀多礼拜堂

总的来说,文艺复兴时期的建筑是欧洲建筑史上的一座里程碑,反映了当时社会文化和科学的复兴,不仅是技术上的进步,也是艺术上的创新。建筑师们通过精湛的技术和艺术手法,创造出了既美观又实用的建筑作品,至今仍然是大家学习和研究的重要对象。

4)巴洛克和洛可可时期的建筑

巴洛克和洛可可时期是欧洲建筑设计的又一重要时期,建筑师们在设计中追求奢华、精致和对称,展现了贵族的权势气派。

巴洛克建筑风格(图1-11),是17世纪初至18世纪上半叶流行于欧洲的主要艺术风格,在建筑造型上大量使用曲面,雕刻风气盛行,室内使用各色大理石、宝石、青铜、金等进行装饰,突破了文艺复兴古典主义的一些程式。

洛可可建筑风格(图1-12)则兴起于18世纪初,是受到巴洛克风潮的影响而发起的,但它们的设计关注点不一样。巴洛克建筑最关注的是建筑的外立面,特别是沿街的最重要的立面,同时力求室内空间的富丽堂皇。而洛可可的建筑最关注的是室内设计,有些住宅内部装饰得非常华丽而外立面却相对朴素。洛可可风格在建筑中的表现:注重功能,讲求舒适;极尽变化,排斥一切固有的建筑母题;偏好圆形和曲线,一切围绕柔美来构图;常常采用不对称手法,喜欢用弧线和S形线。

在建筑领域,巴洛克建筑风格以其丰富的创造力和空间造型能力焕发出旺盛的生命力,并流传至今。洛可可建筑风格在产生之后迅速风靡整个欧洲,而到了18世纪中叶就逐渐消失,但这一设计思路在当今的室内设计中依然存在。

图1-11　巴洛克建筑风格　　　　　图1-12　洛可可建筑风格

5)现代主义建筑

20世纪初期,现代主义建筑运动兴起,并于20世纪中叶在西方建筑界居于主导地位。现代主义建筑主张形式追随功能,强调简洁、实用、开放的设计风格,摆脱传统建筑形式的束缚,大胆创造适应于工业化社会条件、要求的崭新建筑。其首要原则是

建筑应该重视功能,并根据实用功能的要求作出理性设计,如格罗皮乌斯的建筑代表作包豪斯院校(图1－13),勒·柯布西耶的现代主义代表作萨伏伊别墅(图1－14)、密斯·凡·德·罗的西格拉姆大厦等。

图1－13　包豪斯院校　　　　　　　　图1－14　萨伏伊别墅

从格罗皮乌斯、勒·柯布西耶、密斯·凡·德·罗等人的言论和实际作品中,可以看出他们提倡的"现代主义建筑"的一些基本观点:①建筑要随时代而发展,现代建筑应同工业化社会相适应。②建筑师要研究和解决建筑的实用功能和经济问题。③积极采用新材料、新结构,在建筑设计中发挥新材料、新结构的特性。④发展新的建筑美学,创造建筑新风格。

6)后现代主义建筑

20世纪后期至21世纪,后现代主义建筑崛起,打破了现代主义的规范,注重个性化、多样化和文化符号的表达。代表性建筑如弗兰克·盖里的古根海姆博物馆(图1－15a)、美国波特兰市政大楼等(图1－15b)。

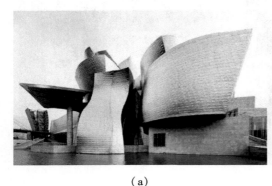

（a）　　　　　　　　　　　　　　（b）

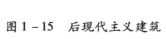

图1－15　后现代主义建筑

后现代主义设计认为设计不仅要实现功能要求,还必须在形式上表现出丰富的视觉效果,满足消费者多元化的审美需求。后现代主义设计提出"复兴都市历史拼合"理论,认为新时代的设计应该以新材料、新技术克服单一化的技术特征,要表现出自然和原有的历史传统面貌,同时应该表现出设计师的个性和风格。后现代主义设计在设计实践中出现了各种设计样式,流派纷杂,没有一个占主导趋势的流派或思想。后现代主义设计具有以下三个特征:①历史主义和装饰主义立场。后现代主义高度强调装饰性,无论是建筑设计师还是产品设计师,都无一例外地采用各种各样的装饰,特别是从历史中吸取装饰营养,加以运用。②对于历史动机的折中主义立场。后现代主义并不是单纯地恢复历史风格,后现代主义对历史风格采用抽出、混合、拼接的方法,并且这种处理基本上是建立在现代主义设计的构造基础上的。③娱乐性,以及处理装饰细节的含糊性。娱乐特点是后现代主义非常典型的特征,大部分后现代主义的作品都具有戏谑的色彩。而设计上的含糊性,则不是后现代主义所特有的,不少现代主义作品,都具有含糊的色彩。

7)当代建筑

21 世纪以来,建筑设计在科技、可持续性和社会意义等方面持续发展。新材料、数字化设计工具和可再生能源等技术的应用使得建筑设计变得更加创新和多样化。当代建筑摒弃了单一的国际风格,鼓励多样性和个性化。不同地区和文化背景的建筑风格得到了广泛的认可和尊重,建筑师也更加注重表达个性和创新。随着物联网(loT)和人工智能(AI)技术的发展,智能建筑成为可能。这些技术可以提高建筑的能效、安全性和用户体验,同时也为未来的建筑提供了更多的可能性。建筑设计在西方是从文艺复兴时期开始萌芽,到产业革命时期才逐渐成熟的;在中国则是清代后期在外来文化的影响下逐步形成的。随着社会的发展和科学技术的进步,建筑所包含的内容、所要解决的问题越来越复杂,涉及的相关学科越来越多,材料上、技术上的变化越来越迅速,单纯依靠师徒相传、经验积累的方式,已不能适应这种客观现实;加上建筑物往往要在很短时期内竣工使用,难以由匠师一身二任,客观上需要更为细致的社会分工,这就促使建筑设计逐渐形成专业,成为一门独立的分支学科。全球化使得世界各地的建筑文化得以传播。国际建筑师的合作项目和跨国公司的参与对建筑风格和设计理念产生了影响。建筑师和设计师越来越意识到自己在社会中的责任,不仅关注建筑的美学和功能性,还关注建筑对社会和环境的影响。可持续性、社区参与和公共空间的创造成为建筑设计重要的议题。

建筑设计的发展历程不仅反映了人类对空间和环境的认知和需求,也反映了社会、文化和科技的进步与变迁。当代建筑不仅是为了满足功能需求,还是为了创造有意义和可持续的生活空间。

1.1.2　建筑设计的科学范畴

建筑设计作为一门综合性学科,不仅包括自然科学和工程技术,还涵盖了社会科学和人文学科,并涉及建筑学、建筑结构、建筑技术、建筑环境、建筑美学、建筑经济学、建筑社会学以及可持续建筑等多个学科范畴。其中,建筑学探讨建筑的历史、理论和设计原则;建筑结构关注建筑物的力学性能和材料选用;建筑技术涉及建筑施工工艺和材料应用;建筑环境考虑建筑与周围环境的关系和舒适性;建筑美学追求建筑的艺术表现和审美价值;建筑经济学关注建筑项目的经济效益和成本控制;建筑社会学研究建筑与社会、文化、历史的关系;可持续建筑致力于探索建筑的可持续性发展问题。这些学科范畴共同构成了建筑设计的理论基础和实践指南,为建筑师创造出具有实用性、美感和可持续性的建筑作品提供了指导。

通常所说的建筑设计是指"建筑学"范围内的工作。它所要解决的问题,包括建筑物内部各种使用功能和使用空间的合理安排,建筑物与周围环境、各种外部条件的协调配合,内部和外表的艺术效果,各个细部的构造方式,建筑与结构、各种设备等相关技术的综合协调,以及如何以更少的材料、更少的劳动力、更少的投资、更少的时间来实现上述各种要求。其最终目的是使建筑物做到适用、经济、坚固、美观(图1-16)。建筑设计是一个跨学科的领域,需要综合运用多种科学范畴的知识和技能,通过这种跨学科的合作与研究,建筑师能够创造出既安全又美观,既实用又可持续的建筑物。

图1-16　建筑设计产品

1.1.3　建筑设计的工作核心

建筑设计是一项复杂而综合的工作,其核心聚焦于从需求分析到实际建造的全过程。建筑师在进行建筑设计时面临的矛盾有:内容和形式之间的矛盾;需要和可能之间的矛盾;投资者、使用者、施工制作方、城市规划方等和设计之间,以及他们彼此之间由于对建筑物考虑角度不同而产生的矛盾；建筑物单体和群体之间、内部和外部之间的矛盾；各个技术工种之间在技术要求上的矛盾；建筑的适用、经济、坚固、美观这几个基本要素本身之间的矛盾；建筑物内部各种不同使用功能之间的矛盾；建筑物局部和整体、局部和局部之间的矛盾等。这些矛盾构成了错综复杂的局面，而且每个工程中各种矛盾的构成又各有其特殊性。

所以说，建筑设计工作的核心就是要寻找解决上述各种矛盾的最佳方案。为此，设计工作的全过程分为前期设计阶段、详细设计阶段、施工图设计阶段。

首先，前期设计阶段需要与客户深入沟通，考虑建筑的形态、结构、空间布局等要素，了解项目的目标、功能需求以及预算限制等方面（图1-17）。

图1-17　建筑设计图纸和模型

其次，在详细设计阶段，设计师将深入研究技术细节，包括结构设计、建筑系统的规划与设计、材料选择等，确保设计方案的可行性和实用性。此外，建筑设计师还需要与各方密切合作，包括工程师、施工团队和供应商，进行技术支持和协调工作，解决设计过程中的技术问题和沟通障碍。确保建筑物的结构安全是建筑设计的核心任务之一。建筑师需要与结构工程师紧密合作，选择合适的结构系统和材料，以承受各种荷载和应力，同时满足安全标准和规范。审查和修改阶段是不可或缺的一部分，设计师需要不断优化和完善设计方案，确保其符合客户需求和法规标准。建筑设计需要考虑当地的气候、地形、文化和历史背景等因素，以确保建筑能够适应所处的环境，并融入周边的自然和社会景观。同时设计师要不断探索新的技术和创新方法，以提高设计效率、施工速度和建筑质量，这就涉及BIM技术、数字化设计工具、新型材料等的应用。

最后，在施工图设计阶段，建筑设计师需要提供详细和准确的施工图纸，以便施工人员进行建筑的实际施工。施工图设计的基本原则是详细准确、施工一致性、符合法规和标准、宜于施工等。

1.2 工业设计的相关概念

1.2.1 工业设计的定义与发展

1. 工业设计的定义

工业设计（industrial design，ID），指以工学、美学、经济学为基础对工业产品进行设计。其是一门应用工学、美学和经济学原理于工业产品设计之中的学科，旨在提升产品的功能性、美观性和市场竞争力。工业设计作为一种创造性的活动，随着社会发展其含义也不断发生变化，1959 年 9 月国际工业设计协会（ICSID）对工业设计的定义：就批量生产的工业产品而言，凭借训练、技术知识、经验、视觉及心理感受，而赋予产品材料、结构、构造、形态、色彩、表面加工、装饰以新的品质和规格。在这个解释中也可以看出工业设计所包含的范畴，仅仅从色彩、材料、工艺层面看待工业设计。

20 世纪 60 年代，国际工业设计协会对工业设计的定义进行了修订：工业设计是一种创造性的活动，其目的是确定工业生产的物体的形式质量。这些形式质量不仅是外部特征，而且主要是那些从生产者和用户的角度，将一个系统转换为一个连贯的统一的结构和功能关系。这个定义反映出设计的范围扩大了，设计对象不仅包含实体产品还包含了无形的体验。从这时候开始，工业设计开始站在艺术与工科之间，用设计的思维、理性的研究方法去优化人的体验。

随着现代化工业的发展，工业设计应运而生，成为以工业产品设计为主要研究对象的学科。它关注从市场需求到设计构思，再到生产、销售的全过程，力求在满足功能需求的同时，也注重产品的外观设计、材料选择和成本控制。2015 年，国际设计组织（WDO）也就是原国际工业设计协会给出了工业设计的新定义：旨在引导创新、促成商业成功的同时为人类提供更高质量的生活，是一种将策略性解决问题的过程应用于产品、系统、服务及体验的设计活动，它将创新、技术、商业、研究及消费者紧密联系在一起，共同进行创造性活动并将其作为建立更好的产品、系统、服务、体验或商业机会，提供新的价值及竞争优势。工业设计是通过其输出物对社会、经济、环境及伦理方面问题的回应，旨在创造一个更好的世界。这一定义在当时将设计推向前所未有的高度，也是目前教科书广为使用的版本。

通过以上概念，我们对工业设计已有了一些了解和认识。总的来说，广义的工业设计，是指为了达到某一特定目的，从构思到建立一个切实可行的实施方案，并且用明确的手段表示出来的系列行为。它包含了一切使用现代化手段进行生产和服务的设计过程。狭义的工业设计单指产品设计,即针对人与自然的关联中产生的工具装备的需求所做的响应。

2. 工业设计的发展

1)形成与发展阶段

19 世纪前期至 19 世纪中期是工业设计的萌芽阶段。这一时期工业生产开始起步,工匠们开始使用机器辅助生产产品。设计主要还是手工绘制,注重实用性和生产工艺,但并未形成独立的工业设计概念。现代意义上的工业设计伴随着 18 世纪晚期英国工业革命的出现而兴起,蒸汽机的发明(图 1 – 18)标志着工业革命的到来,给生产方式带来了巨大变革,提高了生产效率。大批量的机器生产使得设计的重要性更加凸显,从一定意义上来说,设计的好坏决定了产品质量的好坏。这也自然而然地影响到了人们的设计观念,一时间,新旧设计思潮的撞击风起云涌,各种风格、流派对设计方法与理论的探索层出不穷,开创了工业设计发展史上波澜壮阔的时代。

荷兰风格派代表人物格里特·里特维尔德的作品红蓝椅(图 1 – 19)是荷兰风格派最有名的作品之一。他将要素主义演绎到家具和建筑设计中,通过简洁的线条和鲜明的颜色块来表现构图的美感,强调结构的作用,以最少限度的表现方法来强调线条、面和空间之间的关系。红蓝椅对后来的包豪斯学派产生了很大的影响,它不仅是家具设计的一次创新,也是现代艺术和设计史上的一个里程碑。

图 1 – 18　蒸汽机

图 1 – 19　格里特·里特维尔德的
　　　　　　红蓝椅

这个阶段以德意志制造联盟和包豪斯设计学院的成立为主要标志。工业革命的成功带来的科技进步和机器化大批量生产,是推动工业设计逐步发展成为一门独立学科的主要动力之一。

2)繁荣阶段

19 世纪中期至 20 世纪初期,随着工业生产的蓬勃发展,工业设计逐渐崭露头角。

机器生产的兴起,使得产品可以大规模、低成本生产,工业设计师开始在产品设计上发挥作用,着重考虑产品的外观、功能、材料和生产工艺等方面,以满足市场需求。在工业革命初期,由于机器生产的产品往往缺乏美感,因此引发了一场反对机器生产、追求手工艺品质和美学的艺术与工艺运动。这场运动虽然未能阻挡工业化的进程,但它强调了设计的重要性,并对后来的设计思想产生了影响。在19世纪中叶,国际博览会成为展示和交流新技术、新产品的重要平台。这些博览会促进了不同国家之间的技术交流和合作,也推动了工业设计的发展。

3)现代工业设计的形成阶段

20世纪初期至第一次世界大战是现代工业设计的形成阶段。20世纪初期,工业设计开始被正式界定为一门独立的学科。一些设计师如彼得·贝伦斯、奥托·瓦格纳等提出了现代工业设计的理念,强调以用户为中心,注重产品的实用性、美观性和经济性。

4)现代工业设计的发展阶段

第一次世界大战至第二次世界大战,现代工业设计的发展受到了战争的影响,设计的重点转向军工生产,大量军事装备和武器的设计制造推动了现代工业设计的进步,也促进了标准化和批量生产技术的发展。同时,汽车、家电等民用产品的设计也得到了一定程度的发展。

战争催生了新技术和新材料的应用,如第二次世界大战期间,塑料、层压板和其他合成材料的使用为设计师提供了更多的选择,从而推动了设计的多样化。战争结束后,许多设计思想和实践开始转向民用领域。战争期间积累的设计经验和技术能力被转移到了消费品的设计和生产中,这导致了20世纪中叶现代设计运动的兴起。战争还影响了设计师的工作方式和设计理念,在资源紧张的战争环境中,设计师们更加注重材料的节约和回收利用,这种理念在战后的环保运动中得到了进一步发展。

总的来说,两次世界大战期间,现代工业设计的发展受到了战争的深刻影响,不仅在技术和材料上取得了进步,而且在设计理念和方法上也发生了变化。但是,在战争期间,多数国家的工业设计处于停顿状态,因为资源和人力主要被投入到战争相关的紧急需求中,工业设计的发展受到了极大的限制,无法充分发挥其在和平时期的经济和社会发展中的作用。从长远来看,战争对工业设计的正常发展路径造成了干扰和阻碍。

5)现代工业设计的黄金时期

第二次世界大战后至20世纪70年代是现代工业设计的黄金时期。战后,随着经济的复苏和科技的进步,新材料和新技术的应用推动了产品设计的创新,现代工业设计得到了快速发展。设计师雷蒙德·洛伊威、查尔斯·雷·埃姆斯等成为当时的领军人物,提倡现代主义设计理念,推动了现代工业设计的国际化和标准化。

　　20 世纪 70 年代后,现代工业设计逐渐从注重功能性和实用性转向强调个性化和情感化。乔纳森设计的 iMac 是 21 世纪初数字产品设计的巅峰之作(图 1 - 20a),其简洁、精致的外观和易用性影响了整个行业。同时,为了追求可持续性,像特斯拉的电动汽车设计(图 1 - 20b)也在工业设计领域引起了轰动,推动了整个行业向环保和可持续方向发展。现代工业设计不断适应社会、经济和技术的变化,呈现出多样化和转型的特点。

(a)初代 iMac　　　　　　　　　(b)特斯拉电动汽车

图 1 - 20　工业设计代表作品

　　信息技术的发展使得数字化设计成为可能,虚拟设计和仿真技术的应用促进了产品设计的创新。同时,可持续发展理念的提出,推动了工业设计向生态友好型方向发展,在设计中开始注重产品的环保和可持续性。

　　总的来说,现代工业设计的形成是一个复杂的过程,涉及多方面的因素。从 19 世纪的工艺美术运动到 20 世纪中叶的功能主义设计,再到现在的个性化设计,这些历史节点共同塑造了现代工业设计的面貌。工业设计经历了从萌芽阶段到现代工业设计的形成和发展,不断受到社会、经济和科技的影响,呈现出丰富多彩的发展历程。工业设计在整个发展过程中与时俱进,从最初的关注实用性和美学到如今的注重用户体验和可持续发展,不断演化和创新,成为推动产业升级和社会发展的重要力量。

1.2.2　工业设计的特点

　　工业设计是一门综合性的学科,它以工学、美学、经济学为基础,对工业产品进行设计,旨在提高产品的功能性、美观性和市场竞争力。工业设计的特点主要有科技性、相关性、参与性、时间性、多元化、创造性、可持续性、人性化、跨界融合性等。

　　(1)科技性。工业设计是现代科技、信息、工艺和材料的综合体现,集大成者。工

业设计与科技进步紧密相关,设计师需要掌握和应用最新的科技成果,如新材料、新工艺和新设备,以提高产品的技术水平和性能。

(2)相关性。相关性是指工业设计注重整体观念,尤其是注重产品和产品、产品和人、人和环境、产品和环境、环境和环境间的相互关系。

(3)参与性。工业设计是一个团队合作的过程,设计师需要与客户、工程师、市场营销人员等多方合作,共同推动产品的开发和改进。

(4)时间性。工业设计紧密跟随时代的步伐,反映了不同历史阶段的审美趋势、技术进步和社会需求。设计不仅要满足当前的需求,还要具有前瞻性,预见未来的发展方向,确保产品的持久吸引力和市场竞争力。

(5)多元化。工业设计包含多种设计类型,如产品设计、环境设计、造型设计、机械设计、电路设计、服装设计、环境规划、室内设计、建筑设计、平面设计、包装设计、广告设计、动画设计、展示设计和网站设计等。

(6)创造性。工业设计的核心在于创新,其鼓励对传统思维的突破和对常规方法的超越,通过创意和想象力来解决问题,满足用户需求。这种创造性不仅体现在产品的外观设计上,更重要的是在功能、结构和材料的使用上进行创新,为用户提供独特的价值。

(7)可持续性。随着全球对环保和可持续发展的日益重视,工业设计也开始强调产品的环保性和可持续性。这不仅涉及使用环保材料,减少生产过程中的能源消耗和废物产生,还包括设计出可循环使用或易于回收的产品,以减轻对环境的影响。

(8)人性化。工业设计强调以人为本,关注用户的实际需求和使用体验。通过对人体工程学的研究,设计出既美观又舒适、便捷的产品,使之能够满足不同用户的需求,提高生活的品质。如直角楼梯扶手的设计(图1-21),对于老年人来说,垂直元件提供了合适的抓握区域以及将自己拉起来的区域;水平元件为上下搬运物品的人提供了一个平坦的空间来放置携带的重物,起到缓解作用;还可以让孕妇按照扶手设计来判断台阶的起点与终点,帮助她们克服因其他原因而看不到台阶的危险。此外,对扶手的边缘进行磨圆处理,防止伤害到人。

图1-21 直角楼梯扶手设计

（9）跨界融合性。在当今多元化的市场环境中，工业设计越来越多地与艺术、文化、经济、科技等领域发生交集和融合。这种跨界融合不仅丰富了工业设计的内涵，也为创新开辟了新的途径和可能性。工业设计是一个多维度、跨学科的综合性领域，它要求设计师具有全面的知识结构和开放的思维模式，不断探索和创新，以满足人们日益增长的物质和精神需求。

工业设计是一个不断发展变化的领域，它不仅要满足人们的功能需求，还要符合审美标准，同时考虑生产的可行性和经济性。随着技术的发展和市场的变化，工业设计师需要不断学习和适应，以创造出更多优秀的设计作品。

1.2.3　工业设计的内容

工业设计是一门涉及产品、用户体验、品牌、环境、可持续性等多个领域的设计学科，是将艺术、科技和商业融合在一起的跨学科领域，它致力于创造具有功能性、美观性和可持续性的产品和解决方案。工业设计涉及广泛的内容，主要包括以下几个方面。

（1）产品设计。产品设计是工业设计的核心，涉及交通工具、生活用品、电子类产品、家具以及家电等多种产品的设计和创新，是企业运用设计的关键环节，它实现了将原料改变为更有价值的形态。它不仅包括产品的外观设计，还包括产品的功能、结构、材料选择和生产工艺等方面的综合考虑。此外，工业设计师通过对人生理、心理、生活习惯等一切关于人的自然属性和社会属性的认知，进行产品的功能、性能、形式、价格、使用环境的定位，结合材料、技术、结构、工艺、形态、色彩、表面处理、装饰、成本等因素，从社会的、经济的、技术的角度进行创意设计，在企业生产管理中保证设计质量实现的前提下，使产品既是企业的产品、市场中的商品，又是老百姓的用品，达到顾客需求和企业效益的完美统一（图 1 - 22）。

图 1 - 22　产品设计

（2）用户体验设计。工业设计强调产品与用户之间的互动和体验。用户体验设

计考虑产品的易用性、舒适性、安全性等方面,致力于提升用户对产品的感知和满意度。

(3)品牌设计。工业设计还包括品牌形象的设计,这涉及品牌标识、包装设计、广告宣传等方面,旨在塑造和传达品牌的形象和价值观。

(4)环境设计。工业设计不仅关注单个产品,还考虑产品与环境之间的关系。环境设计包括产品在使用过程中对周围环境的影响,以及产品在展示和销售环境中的陈列和布局,关注空间的规划和设计,包括室内外环境的布局、装饰以及与环境的互动关系。工业设计是作为沟通人与环境之间的界面语言来介入环境设计的。设计师通过对人的不同行为、目的和需求的认知,来赋予设计对象一种语言,使人与环境融为一体,给人以亲切、方便、舒适的感觉。

(5)可持续设计。随着环境保护意识的增强,可持续设计成为工业设计的重要方向之一,是工业设计中的一个重要分支。可持续设计考虑产品的生命周期,致力于减少资源消耗、降低环境污染,推动循环经济和可持续发展。通过降低资源消耗和生产成本,企业可以提高利润率并增强竞争力。

(6)交互设计。随着数字化技术的普及,工业设计涉及用户界面和交互设计,包括软件界面、手机应用、网站设计等,旨在提升用户与数字产品之间的交互体验。在工业设计中,交互设计更多地关注虚拟的数字界面,设计原则是以人为本、可用、好用、想用。

(7)企业形象设计。企业形象设计(corporate identity system,CIS)使企业具有视觉上的冲击力,可以鲜明地显示企业的个性,是企业力量和信心的体现。企业识别系统由统一的企业理念、规范的企业行为及一致的视觉形象所构成。一个成功的企业一定是对内有凝聚力,对外可使消费者产生信赖感和认同感,从而提高企业知名度,实现企业的经营目标与发展目标(图1-23)。

图1-23 企业形象设计

(8)设计管理。设计管理是企业运作中至关重要的一环,涉及项目管理、界面管理以及设计系统管理等产品系列发展的方方面面。设计管理在工业设计中扮演着关键角色,它涵盖了从产品概念到最终生产的各个环节。通过有效的设计管理,可以确保产品在设计阶段满足市场需求和用户期望(图 1-24),同时最大限度地优化生产流程和成本控制。设计管理的成功应用有助于提高产品质量、缩短开发周期,并增强企业在竞争激烈的市场中的竞争力。

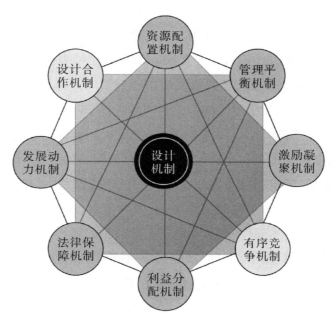

图 1-24　设计机制

1.3　建筑设计与工业设计的历史渊源与结合

1.3.1　工业革命与现代主义设计运动

工业革命与现代主义设计运动之间存在着紧密的联系,它们相互影响,共同推动了设计领域的发展变革。18 世纪末到 19 世纪初,工业革命的兴起,标志着人类从手工业经济向机械化、大规模生产转变。这一时期的技术革新,如蒸汽机和钢铁生产的发展,极大地改变了社会、经济和文化格局,也对建筑和工业设计产生了深远影响。工业革命带来了新的建筑材料和技术,如铁和钢的广泛应用,让建筑结构更加坚固,同时,机器制造的发展大幅提高了工程建设的效率。

现代主义设计运动则是 20 世纪初期的一场重要的设计革命,旨在摒弃传统的建筑和设计风格,倡导简洁、功能主义和现代化的设计理念。现代主义设计强调形式与功能的紧密结合,注重简洁、几何化的形式,摒弃了传统的装饰性元素,追求简洁、纯粹的设计风格。

工业革命的兴起为现代主义设计运动提供了重要的背景和基础。工业革命的技术进步使得现代主义设计运动的理念得以实现,如新型建筑材料的出现、机械化生产的发展以及工程技术的提升,都为现代主义建筑的诞生提供了条件。

自 18 世纪末开始,欧洲国家相继爆发的工业革命是人类文明史上至关重要的事件,标志着人类从手工业时代迈入工业文明。工业革命带来的新生事物主要体现在机器上。到 1911 年,以格罗皮乌斯设计的法古斯鞋楦厂为标志的现代建筑彻底结束了几千年以来以艺术建筑学为主流的手工业产品时代,转向注重空间实用功能、以机器美学为主流的工业产品时期。19 世纪末 20 世纪初的教育运动与工业革命时期的快速发展相结合,促进了理论与实践相结合的新教育模式的出现。

进入工业社会后,建筑的三个基本要素——建筑功能、建筑的物质技术条件、建筑形象不可避免地受到工业革命的强烈影响,最终建筑也纳入机器生产的行列。首先,工业革命对建筑的基本属性、建筑功能产生了深刻的影响。新的生产方式和多样的生活方式对建筑空间提出了全新的功能要求,长期居于突出地位的宫殿、坛庙、陵墓退居次要,而代之以占主导地位的是各类民用建筑以及显然是工业化时代的产物,如铁路、车站、码头、桥梁、工厂和仓库等。虽然有些建筑类型古已有之,但工业时代的功能要求却有很大的变化。其次,工业革命促使建筑技术得到迅猛发展。工业的发展给建筑带来了新型的材料,以往几千年采用的土、木、砖、石等天然的或手工制造的材料被钢材、混凝土、玻璃等工业材料所取代,许多构件在工厂预制成为产品,使工业化发展需要得到满足,新建筑设备的应用从根本上改变了建筑设计的内容和方法。最后,工业革命导致了社会文化心理的变化,进而引发审美观念的变革。

总的来说,工业革命和现代主义设计运动都对建筑和设计领域产生了深远的影响。工业革命不仅带来了技术和材料的革新,还改变了人们对设计和美学的认识,为现代主义设计运动提供了重要的条件和基础,而现代主义设计运动则在建筑和设计领域推动了一场革命,改变了人们对于建筑和设计的理解和实践。通过设计理念的改革和技术的创新,进一步推动了设计的现代化进程(图 1-25)。

图 1-25　现代建筑

1.3.2　建筑设计与工业设计的关系

建筑设计和工业设计在设计领域中扮演着不同但又密切相关的角色,在设计方法、功能、环境和造型上有着密切的联系。

首先,建筑设计和工业设计都属于设计领域的重要分支,它们共同关注如何创造具有功能性、美观性和可持续性的产品或空间。建筑设计主要着眼于建筑环境和空间的规划与设计,包括建筑物的结构、形态、功能布局等;而工业设计则侧重于工业产品的设计,如家具、电子设备、汽车等的外观、功能和用户体验等方面。无论是建筑设计还是工业设计,它们的设计逻辑都是从识别问题开始,然后对问题进行分析研究,形成设计概念,最后提出解决方案并展示成果。这一过程要求设计师具备分析问题和创造性解决问题的能力。

其次,建筑设计和工业设计在设计理念和方法上也有一定的交叉和借鉴。比如,现代主义设计运动对两者都有着深远影响,倡导简约、功能主义和现代化的设计风格,注重形式与功能的统一。另外,建筑设计和工业设计在技术和材料上也有着一定的共通性。例如,随着科技的发展,建筑设计中会涉及许多先进的建筑材料和技术,如钢结构、玻璃幕墙等,这些技术也常常被工业设计师所采用和借鉴,用于制造各种工业产品。建筑设计和工业设计都需要考虑产品设计与环境的关系。建筑设计着重于空间利用和与周围环境的和谐相处,而工业设计则更强调产品的美观效果和用户之间的和谐关系。两者都在追求与环境的协调一致。

最后,现代建筑和工业产品的设计趋势也日益融合。例如,智能建筑和智能家居产品的兴起,使得建筑设计和工业设计之间的界限变得更加模糊,需要建筑师和工业设计师之间更加密切地合作与交流。

1. 差异性

目前建筑设计和工业设计之间的差异性主要有三个方面。

（1）学科方面的差异性。工业设计不包括建筑设计（图1-26），如果从学科上来分，它们同属于一个大学科之下并行的二级学科。它们同属于设计领域但在学术分类上有所区别，这也反映了两者在教育和应用上的差异性。

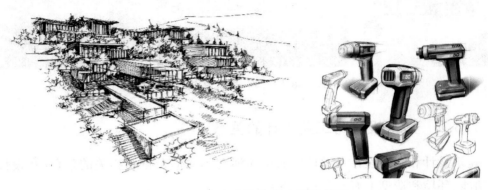

图1-26　建筑设计和产品设计草图

（2）内容方面的差异性。工业设计提倡各种不同的审美观，从产品的整体上进行研究和规划，探索消费者的社会价值，其根本出发点是消费者心理的诉求和需求，侧重于产品的功能、形态和用户体验。工业设计虽然具有美学和艺术成分，但和艺术有本质上的区别。建筑设计是以经济、功能及美学作为出发点，将设计和人、环境相结合，需要考虑建筑的功能、结构和与环境的和谐共存。因此建筑产品设计师要用良好的专业知识、广博的知识结构以及丰富的想象力，在艺术和技术中找到最佳的结合点。

（3）造型方面的差异性。站在设计的角度考虑，造型是指设计师通过一定的方法技巧，对所要设计的对象进行构思规划，最终创造出一定形态的一种过程。不管是工业设计还是建筑设计，设计师的一项重要工作之一就是造型。由于建筑设计与工业设计的对象都是三维空间，因此工业设计和建筑设计的设计师在造型方法上是极为相似的。他们主要采用两种造型方法，即立体构成法和模仿法。立体构成法主要是根据美学法则，通过对基本几何形体的切割或组合，然后创造出一定形态的方法；模仿法主要是通过对自然界存在的一些形态进行简化、提炼与概括从而获得一种形态的方法。工业设计运用的立体构成法是从建筑设计中借鉴来的。

建筑设计与工业设计在学科分类、设计内容及造型设计等方面各有侧重，这些差异性体现了两个领域独特的专业要求和设计理念。尽管存在差异，两者都在各自的领域内追求功能与形式的完美结合,以提升人们的生活品质和审美体验。

2. 互溶性

不管是在过去还是现在,建筑设计不但从理论上促进了工业设计的发展,而且对工业设计的实践进步也起到了重要作用。一直以来,建筑设计师都很喜欢从事工业设计,在历史上,建筑师进行工业设计有两种情况,一种是既从事建筑设计又从事工业设计(图1-27);另一种是工业设计师是从建筑设计专业转过来的。总而言之,在工业设计发展的过程中,建筑师的角色非常重要。

图 1-27　家具产品设计和建筑设计

不管是建筑设计还是工业设计,都是为了满足人类要求所进行的设计,设计产品的目的也是给人提供服务。建筑设计和工业设计必须满足以下四点基本要求。

(1)功能性要求:在现代,建筑设计和工业设计的功能比以前的内涵更多,主要包括物理功能、生理功能、心理功能和社会功能。

(2)审美性要求:建筑设计和工业设计的外在形式必须能使人感觉到有美的享受。在现实中,大多数的设计都是为了满足大众的需要而进行的,因此,审美不能单凭设计师主观意识的审美观,必须要符合大众的审美标准。一般情况下,审美不需要靠过多的装饰,而是通过间接性和新颖性来突出体现的。

(3)经济性要求:建筑设计者和工业设计者都从消费者的角度出发,在质量得以保证的前提下,追求材料选择的简单化,避免劳动力的浪费,当然产品的使用寿命也是应该有保证的,同时还要便于回收、运输与维修,要把用户的使用费用和企业的生产费用降低到最低标准,做到物美价廉,才能最终带给用户实惠,也能为企业带来经济和社会效益。

(4)创造性要求:创造性对于建筑设计和工业设计是非常重要的,特别是快节奏的市场经济和现代高科技的要求,产品更新换代的速度不断加快,产品的创意不断增强,如果在设计上缺乏新意,很快就会被社会所淘汰,当然创造也不能离开其使用功能的满足。

总体而言,建筑设计和工业设计虽然有着各自的特点和重点,但二者之间存在着紧密的联系并互相影响。在当今社会,随着科技与设计的不断发展,建筑设计和工业设计的融合与合作将共同推动设计领域的进步与创新。

1.4 建筑工业化设计

1.4.1 建筑工业化的内容与发展

1.建筑工业化的内容

建筑工业化是指建筑业要从传统的以手工操作为主的小生产方式逐步向社会化大生产方式过渡,即以技术为先导,采用先进、适用的技术和装备,在建筑标准化的基础上,发展建筑构配件、制品和设备的生产,培育技术服务体系和市场的中介机构,使建筑业生产、经营活动逐步走上专业化、社会化道路。建筑工业化的内容包括四个方面,即建筑设计标准化、构配件生产工厂化、施工机械化和管理科学化。

(1)建筑设计标准化:通过统一设计构配件,减少其类型,实现单元或整个房屋的标准化设计流程(图1-28)。

(2)构配件生产工厂化:将构件生产集中于工厂,逐步实现商品化生产,提高生产效率和产品质量(图1-29)。

图1-28 建筑设计标准化　　　　　图1-29 构配件生产工厂化

(3)施工机械化:采用机械设备替代繁重的体力劳动,在施工现场进行构件与配件的安装,提高施工效率并降低人力成本。

(4)管理科学化:采用科学方法进行工程项目管理,避免主观意识或凭经验管理,提高管理效率和项目执行质量。

设计标准化是实现建筑工业化目标的前提,构配件生产工厂化是建筑工业化的手段,施工机械化是建筑工业化的核心,而管理科学化则是建筑工业化的保证。

2.建筑工业化的发展

建筑工业化的概念最早起源于欧洲。20 世纪初,随着工业革命的深入,人们开始探索将工业生产方式应用于建筑领域。建筑工业化是我国建筑业的发展方向。随着技术的进步,建筑工业化开始采用更加先进的技术和工艺。我国建筑业的发展重点转向了提高质量和效益,建筑工业化的全面实现成为目标之一。近年来,我国随着建筑业体制改革的深化和建筑规模的扩大,虽然建筑业发展较快,但整体劳动生产率提高幅度不大,质量问题较多,技术进步缓慢。因此我们应该优化产业结构,加快建设速度,改善劳动条件,提高劳动生产率,让建筑业尽快走上质量效益型道路。我们借鉴了国内外发展建筑工业化的经验,考虑了技术发展现状、地区间差距以及劳动力资源丰富的特点,适应了市场需求和体制改革要求,重点关注房屋建筑,特别是对人民居住的住宅建筑(图 1 - 30)。

图 1 - 30　住宅建筑

1.4.2　实现建筑工业化的措施

建筑工业化,首先应从设计开始,从结构入手,建立新型结构体系,包括钢结构体系、预制装配式结构体系,要让大部分的建筑构件,包括成品、半成品,实行工厂化作业。

(1)建立新型结构体系,减少施工现场作业。多层建筑应由传统的砖混结构向预制框架结构发展;高层及小高层建筑应由框架向剪力墙或钢结构方向发展;施工上应从现场浇筑向预制构件、装配式方向发展;建筑构件、成品、半成品以后场化、工厂化生产制作为主。

(2)加快施工新技术的研发力度,主要是在模板、支撑及脚手架施工方向有所创新,减少施工现场的湿作业。例如,在清水混凝土施工、新型模板支撑和悬挑脚手架上有所突破;在新型围护结构体系上,大力发展和应用新型墙体材料。

（3）加快"四新"成果的推广应用力度，减少施工现场手工操作。在积极推广建设部十项新技术的基础上，加快这十项新技术的转化和提升力度，其中包括提高部品件的装配化、施工的机械化能力。

在新型结构体系中，应尽快推广建设钢结构建筑，应用预制混凝土装配式结构建筑，研发复合木结构建筑。在我国，进行钢结构建设的时机已比较成熟，我国已连续8年世界钢产量第一，一批钢结构建筑已陆续建成，相应的设计标准、施工质量验收规范已出台；钢结构以其施工速度快、抗震性能好、结构安全度高等特点，在建筑中应用的优势日显突出；钢结构使用面积比钢筋混凝土结构增加4%以上，工期大大缩短；钢结构可以回收再利用，节能环保，符合国民经济可持续发展的要求。

预制装配式结构体系，是采用预制钢筋混凝土柱，预制预应力混凝土梁、板，通过钢筋混凝土后浇部分将梁、板、柱及节点连成整体的框架结构体系。其具有减少构件截面、减轻结构自重、便于工厂化作业、施工速度快等优点，是替代砖混结构的一种新型多层装配式结构体系。该结构体系已在很多工程中应用，效果明显（图1-31）。

为了进一步推动建筑工业化进程，应尽快研发复合木结构，作为多样化建筑材料的重要补充（图1-32）。复合木结构不仅适用于大跨度的建筑中，还可用于广大村镇建筑和二至三层的别墅中。与传统的混凝土结构不同，复合木结构作为新型结构形式之一，具有人性化和环保的特点。针对杨树快速生长和再生的特性，应该着力开发杨树木材的深加工技术，包括木材的处理、复合、成型等，制作成建筑用的柱、梁、板等构件，并使其具有防虫、防火、易组合的功能。大量采用复合木结构可减少对钢材、水泥、石子等建材的需求，对资源保护至关重要，同时，也为广大种植杨树的农民提供了一个优越的市场，提升了杨树的使用价值，为农民脱贫致富提供了新途径。随着技术的成熟，复合木结构的潜力逐渐显现，将为我国建筑业带来一场革命。

图1-31 预制装配式结构

图1-32 复合木结构

1.4.3　建筑工业化的意义

建筑业是我国国民经济的支柱产业之一,长期以来,建筑业分散的手工业生产方式与大规模的经济建设很不适应,必须改变目前这种落后的状况,尽快实现建筑工业化。发展建筑工业化的意义在于能够加快建设速度,降低劳动强度,减少人工消耗,提高施工质量和劳动生产率。

建筑工业化的重要性不可忽视,它是建筑行业的一次革命性变革,通过引入工业化生产模式和理念,实现了从传统手工生产向现代化、智能化的转变。首先,建筑工业化大大提高了建筑效率,缩短了工期,降低了成本,极大地满足了人们对住房和基础设施的需求。其次,工业化生产保障了建筑质量,通过标准化、模块化的设计和施工方式,大幅减少了人为因素对建筑质量的影响,提高了建筑的安全性和稳定性。此外,建筑工业化节约了资源,有助于推广应用绿色建材,减少建筑过程中的能源消耗和废弃物排放,符合可持续发展的理念,有助于保护环境。而且,工业化建筑推动了建筑行业的技术创新和设计创意,促进了建筑设计的多样化和个性化;建筑工业化推动了建筑业从传统的劳动密集型向技术密集型转变,促进了产业结构的优化和升级。最重要的是,建筑工业化推动了城市可持续发展,提高了城市基础设施建设的效率和质量,改善了城市居住环境,促进了城市的经济发展和社会进步。

综上所述,建筑工业化对于推动建筑行业的现代化和可持续发展具有重要意义,是建筑行业向前发展的必然趋势和方向。

1.4.4　工业化建筑体系与标准化设计

1. 工业化建筑体系

工业化建筑体系是一种新型的建筑生产方式,它的核心在于通过标准化设计、工厂化生产以及现场装配式施工来提高建筑效率和质量。为适应建筑工业化的需求,不仅需要标准化房屋的构配件和水、暖、电等设备,还应综合考虑用料、生产、运输、安装以及组织管理等方面,并制定统一的规定。这一全面设计和规划过程被称为工业化建筑体系(图1-33)。

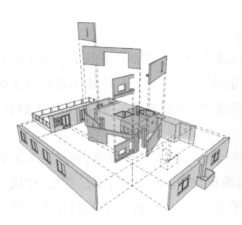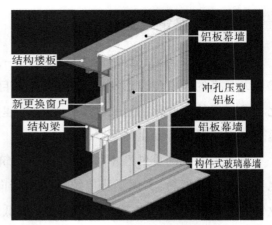

铝板幕墙

结构楼板

冲孔压型铝板

新更换窗户

结构梁

铝板幕墙

构件式玻璃幕墙

图 1-33　工业化建筑体系

2.标准化设计

1)标准化设计的内容

一般来说,标准化设计包含设计元素标准化、设计流程标准化、设计产品标准化。从技术与管理的角度来说,标准化设计既包含设计绘图建模的标准化,也包含设计管理的标准化。目前来看,相当一部分的建筑类型已经实现或者正在实现设计的标准化,以住宅设计为例,标准化户型、标准化空间、标准化装修等的设计与管理流程的标准化已经得到大量应用。从长远来看,实现建筑设计技术与管理的标准化既是市场的需要,也是企业的需要。

标准化设计是实现智能设计的前提,只有通过标准化,才能逐步实现产品化、一体化和智能化。标准化是提高产品质量、合理利用资源、节约能源的有效途径,是实现建筑工业化的重要手段和必要条件。标准化的构件和部品部件能够横向打通设计方、建设方、施工方、承包商、运维方的数据,减少各方之间基于多变构件和部品进行沟通的不确定性,提高各方之间数据对接的效率。标准化设计成果能够对接产业上下游,实现纵向全周期的数据贯通。标准化的实现需要数据标准的支持,只有完善的数据标准支持才能够实现全参与方的数据和业务流程闭环。

2)标准化设计的形式

(1)标准构件、配件设计:由国家或地区编制一般建筑常用的构件和配件图,供设计人员选用,以减少不必要的重复劳动。

(2)整个房屋或单元的标准设计:由国家或地方编制整个房屋或单元的设计图供建筑单位选用。整个房屋的设计图,经地基验算后即可据以建造房屋。单元标准设计,则需经设计单位用若干单元拼成一个符合要求的组合体,成为一栋房屋的设计图。新中国成立以来,我国曾编制过一些专用性和通用性车间的定型设计、中小型公共建设的定型设计,都取得了很好的效果,特别是在住宅设计方面,各地区采用定型单元的组合住宅,对减少重复设计劳动、缩短设计周期、推动住宅建设方面起到了很大的作用。

1.5　国内外建筑工业化发展历史

中国的建筑工业化进程脱离不了全球建筑工业化进程,并深受全球工业化进程的影响。而全球建筑工业化进程与工业革命进程息息相关,总的发展趋势愈益贴近人类文明的发展进程,并将引领全球建筑业的发展和变革。全球建筑工业化发展大致可分为以下四个阶段。

1. 建筑工业化 1.0 时代:工厂化、机械化(1900—1950 年)

随着第二次工业革命的兴起和第一次世界大战的结束,装配式建筑在西方战后重建和经济恢复方面发挥了非常重要的作用,基于工厂化生产和机械化装配的建筑工业化概念开始形成,但技术不成熟,管理粗放,建造成本相对较高,不具备市场化条件,基本处于政府主导、企业参与的模式。

2. 建筑工业化 2.0 时代:标准化、模块化(1950—1980 年)

20 世纪 50 年代后,随着西方各国战后经济的迅速崛起,第三次工业革命(科技革命)开始兴起,为装配式建筑的发展提供了良好的经济和技术条件,装配式建筑的标准化和模块化理念开始形成,技术体系逐步完善,建造手段不断创新,其中较为有名的是 1967 年萨夫迪(Safdie)在蒙特利尔世博会上设计的模块化住宅(图 1－34)。

图 1－34　模块化住宅

3. 建筑工业化 3.0 时代:信息化、产业化(1980—2010 年)

20 世纪 80 年代后,随着信息化时代的到来,AutoCAD 软件、BIM 技术、网络技术和通信技术等在装配式建筑领域得到广泛应用,有效促进了装配式建筑技术体系的完善和管理水平的提升,"通用体系""开放式建筑"和"百年住宅"概念开始形成,装配式建筑的发展具备了产业化条件,装配式建筑产业链在发达国家开始建立和完善。

4. 建筑工业化 4.0 时代:节能化、智能化(2010 年至今)

进入 21 世纪后,随着第四次工业革命的到来,人们对生活质量和环境也提出了更高要求,装配式建筑的内涵出现了升华,开始向着人本设计、环保建造和智能居住的方向发展,装配式建筑的科技、人本和文化内涵不断增强,建筑工业化进程与工业革命进程同步开启。

1.5.1 国外建筑工业化发展历史

国外建筑工业化的发展历史可以追溯到 19 世纪末至 20 世纪初期,以下是一些国家的发展概况。

1. 欧洲国家建筑工业化发展

欧洲国家由于受到第二次世界大战的严重创伤,因此在 19 世纪五六十年代对住宅需求非常大,为此,采用了工业化的装配式建造了大量住宅,并形成了一批完整的、标准化、系列化的建筑住宅体系,并延续至今。住宅建设不仅解决了居民的居住问题,而且对这些国家在 19 世纪六七十年代经济腾飞起到了巨大作用。进入 19 世纪 80 年代以后,住宅的产业化发展开始转向注重住宅功能和个性化发展。英、法等国家在 19 世纪五六十年代形成了装配式大板住宅建筑体系。目前,瑞典已成为世界上最大的住宅制造国之一,他们的住宅预制构件达 95%,欧洲各国都到瑞典去订制住宅,通过集装箱发运。这说明,在工业化住宅时代,工地已不再重要,重要的是工厂,是产品流水线。我们可以从宜家家居在世界各地连锁经营的模式中,体察出瑞典在住宅制造及家居用品系列方面所拓展的巨大发展空间。瑞典是世界上住宅工业化最发达的国家之一,其 80% 的住宅采用以通用部件为基础的住宅通用体系,瑞典工业化住宅公司生产的独户住宅已畅销世界各地。丹麦发展住宅通用体系化的方向是"产品目录设计",它是世界上第一个将模数法制化的国家,大量居民住宅也采用个性化的装配式大板体系(图 1-35)。

图 1 - 35 装配式结构和装配式建筑混凝土预制大板

法国是世界上推行建筑工业化最早的国家之一。1977 年,法国成立了构件建筑协会,创立了世界上"第一代建筑工业化",即以全装配大板工具式模板现浇工艺为标志,建立了许多专用体系,之后,向发展通用构配件制品和设备为特征的"第二代建筑工业化"过渡。为了发展通用体系,1978 年法国住房部提出以推广"构造体系"作为向通用建筑体系过渡的一种手段。构造体系是以尺寸协调规则为基础,由施工企业或设计事务所提出主体结构体系,它由一系列能相互代换的定型构件组成,形成该体系的构件目录。到 1981 年,全国已选出 25 种构造体系,除少部分是木结构和钢结构外,绝大部分是混凝土预制体系,多户住宅体系略多于独户住宅体系。构造体系一般表现出以下特点。

(1)为使多户住宅的室内设计灵活自由,结构较多采用框架式或板柱式,墙体承重体系向大跨度发展,跨度甚至达到 12 米。

(2)为加快现场施工速度,创造文明的施工环境,不少体系采用焊接和螺栓连接。

(3)倾向于将结构构件生产与设备安装和装修工程分开,以减少预制构件中的预埋件和预留孔,简化节点,减少构件规格。施工时,在主体结构交工后再进行设备安装和装修工程,由前者为后者提供理想的工作环境。

(4)构造体系最突出的优点是建筑设计灵活多样。它作为一种设计工具,仅向建筑师提供一系列构配件及其组合规律,至于设计成什么样的建筑,建筑师有较大的自由。所以采用同一体系建造的房屋,只要出自不同建筑师之手,造型大不相同。

构造体系虽然遵循尺寸协调规则,但规则本身较灵活,允许不同的协调方式。另外各体系的结构及特点也不一致,不同体系的构件一般不能通用,所以构造体系仍属专用体系范畴。通过发展构造体系建立一个通用构件市场的设想未能实现。1982 年,针对上述情况,法国政府调整了技术政策,推行构件与施工分离的原则,发展面向全行业的通用构配件的商品生产,但是要求所有构件都做到通用是不现实的,因此在通用化上做些让步,也就是说,一套构件目录只要与某些其他目录协调,并组成一个"构造逻辑系统"即可。这一组合不仅在技术上、经济上可行,还应能组成多样化的建筑。每个"构造逻辑系统"形成一个软件,用计算机进行管理,不仅能进行辅助设计,而且可快速提供工程造价。

为了推行住宅建筑工业化,近年来法国混凝土工业联合会和法国混凝土制品研究中心把全国近60个预制厂组织在一起,由它们提供产品的技术信息和经济信息,编制出一套 c5 软件系统。这套软件系统把遵守同一模数协调规则、在安装上具有兼容性的建筑部件(主要是围护构件、内墙、楼板、柱和梁、楼梯和各种设备管道)汇集在产品目录之内,并告诉使用者有关选择的协调规则,各种类型部件的技术数据和尺寸数据,主要外形的实现方法及其部件之间的连接方法,特定建筑部位的藏工方法,设计上的经济性等。法国混凝土研究中心和工业化建筑集团负责建造试验性建筑,对各个设计方案进行处理。这样做的目的一方面是试验和关注该软件系统的功能,另一方面是分析采用 c5 软件系统这一设计工具对从建筑设计的草图到施工整个生产过程的影响。

2. 日本建筑工业化的发展

日本的住宅产业化始于20世纪60年代初期。当时住宅需求急剧增加,而建筑技术人员和工人明显不足。为了使现场施工简化,提高产品质量和效率,日本对住宅实行部品化、批量化生产。20世纪70年代是日本住宅产业的成熟期,大企业联合组建集团进入住宅产业,在技术上产生了盒子住宅、单元住宅等多种形式,同时设立了产业化住宅性能认证,以保证产业化住宅的质量和功能。20世纪80年代中期,日本为了提高工业化住宅体系的质量和功能,设立了优良住宅部品认证制度。这时产业化方式生产的住宅占竣工住宅总数的15%~20%,住宅的质量功能有了提高。20世纪90年代,采用产业化方式生产的住宅占竣工住宅总数的25%~28%。日本是世界上率先在工厂里生产住宅的国家,早在1968年"住宅产业"一词就在日本出现,住宅产业是随着住宅生产工业化的发展而出现的。例如:轻钢结构的工业化住宅占工业化住宅80%左右;20世纪70年代形成盒子式(图1-36)、单元式(图1-37)、大型壁板式住宅等工业化住宅形式;20世纪90年代,又开始采用产业化方式形成住宅通用部件,其中1418类部件已取得"优良住宅部品认证"。

标准化是推进住宅产业化的基础。1969年,日本分别制定了"住宅性能标准""住宅性能测定方法和住宅性能等级标准""施工机具标准"以及"设计方法标准"等。目前日本各类住宅部件产品标准十分齐全,部件尺寸和功能标准都已成体系。只要厂家是按照标准生产出来的构配件,在装配建筑物时都是通用的。所以,生产厂家不需要面对施工企业,只需将产品提供给销售商即可。

図 1 - 36　盒子式住宅　　　　　　　　図 1 - 37　单元式住宅

3. 美国建筑工业化的发展

美国住宅建筑市场已经高度成熟,住宅构件和部件的标准化、系列化、专业化、商品化以及社会化程度几乎达到100% 。与欧洲的大规模预制装配不同,美国更注重住宅的个性化和多样化(图 1 - 38)。通常建于郊区的低层木结构房屋,用户可根据样本或自行设计方案,并从市场采购所需的材料、构件和部件,由承包商建造。其特点是采用标准化、系列化的构件和部件,并在现场进行机械化施工。其结果是功能齐备、质量优良、效率高、价格适中。

美国住宅的五大原则:

(1)以多种类型、多层次的住宅满足全民的住宅需求。每一个社区的建立必须能支持当地的经济活动并满足人口、住宅需求的增长;每一位美国公民有权自由地选择在什么地方居住和住什么样的房子。

図 1 - 38　美国别墅和维多利亚风格房屋

（2）制定一个综合性的发展规划。地方当局要制定一个长期规划且满足居住、商业、娱乐、工业和开放空间的用地需求。

（3）革新土地开发模式，提高土地使用效率。必须革新社区土地开发模式，以促进混合型用地并有利于步行区的发展：一个地区的开发要进行综合平衡，且促使一个区的密度高一些，而另一个区的预留空地多一些；地方当局应认识到，需要不断地修订现有的土地利用政策和标准，以促进良性发展。

（4）规划应适应该地区对基础设施的长期需求。各级政府应采取均衡、可靠的方式投资和支付有关道路、学校、供排水以及其他基础设施的建设费用；有计划地复兴老城区和近郊区。

（5）住宅开发应适应市场的需求。住宅市场的推动取决于就业的增长与消费者的意愿。当地的人口增长和经济增长会造成不可预计的住宅增长，尤其是当增长期过后所形成的后遗症将更为严重，因为在增长期中所建造的住宅有可能满足不了数量和质量的需求；各级政府如想要增加就业机会，就需采取相应的住宅政策，以提供新的住宅来满足新就业人群的需求，否则低收入家庭将是住宅短缺的首先受害者，因为，当需求大于供给时，这些家庭因缺乏竞争力而难以在市场上找到需要的住宅。

1.5.2　国内建筑工业化发展历史

在中国古代，由于独特的文化、地理环境以及其他的种种原因，建筑始终以木结构为主，并很早就开始了预制装配式建筑的实践，如唐宋时期就形成了类似现代模数制的方法，以便加快施工进度。木结构建筑的标准化主要依据政府颁布的文献，这些文献是在总结传统经验的基础上制定的。例如，《营造法式》就是北宋政府为管理宫室、坛庙官署、府第等建筑工作而颁布的文件，其中包括这些建筑的设计、结构、用料和施工的规范。根据建筑等级和大小的不同，确定了建筑"材"这一基本模数，以及所需木构件的尺寸。此外，这些文献还记录了编制预算、组织施工以及竣工验收等相关内容。到了清代，《工部工程做法则例》的颁布进一步对木结构建筑的标准进行了制度化。

中国的建筑工业化发展历史可以追溯到 20 世纪 50 年代末期和 60 年代初期，以下是我国建筑工业化发展的主要历程。

1. 大陆地区建筑工业化的发展

1）建筑工业化的初期（1950—1976 年）

（1）建筑材料的发展。20 世纪 50 年代，我国完成了第一个五年计划，建立了社会主义工业化的初步基础，开始了大规模的基本建设，建筑工业快速发展。当时在全面学习苏联的政治形势下,我国的设计规程,包括建筑设计,钢结构、木结构和钢筋混凝土结构设计规范全译自俄文,直接引用。国家级的设计院都聘有苏联专家,设计水平和国际接轨,标准化和模数化被很快应用。在工业建筑方面,苏联帮助建设的 153 个大项目大多采用了预制技术。在各大型工地上,柱、梁、屋架和屋面板都在工地附近的场地预制,在现场用履带式起重机安装。可以说,那时工业建筑的工业化程度已达到很高的水平,只是墙体还用小块红砖手工砌筑。

后来国家开始城镇建设,在居住建筑中也推行预制装配化。各种构件中标准化程度最高的当属空心楼板,其制作方法是使用简单的木模,在空地上因陋就简翻转预制,待混凝土达到一定强度后再把组装成的圆芯抽出。因预制厂的投资极低,技术落后,手工操作繁多,所以效率和质量低下。后来多个大城市开始建设正规的构件厂,全国混凝土预制技术发展突飞猛进,全国各地数以万计的大小预制构件厂雨后春笋般出现,成为住宅装配化发展的物质基础。20 世纪 70 年代,由东北工业建筑设计院设计的挤压成型机(也称行模成型机)在沈阳试制成功,开创了国内预应力钢筋混凝土多孔板生产新工艺,后在柳州等地被推广应用。

墙体工业化始于 20 世纪 50 年代。上海的硅酸盐砌块和哈尔滨的泡沫混凝土是我国墙材革新的代表产品,是颠覆传统红砖的先驱。上海的粉煤灰硅酸盐砌块以上海电厂排出的工业废渣——粉煤灰和炉渣为主要原料,掺入适量的石灰、石膏,经过搅拌后浇筑成型,再经饱和蒸汽养护后成为砌块,可以代替当地稀缺的黏土砖砌成墙体。这种砌块高 380 mm,重量在 100 kg 以内,可以用轻便的起重设备安装。上海在 20 世纪 60 年代到 80 年代间建造了 1500 万平方米的住宅,该砌块成为上海市多层住宅建筑的主要墙体材料。

哈尔滨低温建筑研究所是我国最早从事建筑材料研究的专业机构之一,黄兰谷等人在学习苏联技术的基础上开展了泡沫剂和泡沫混凝土的研究,他们发现这种轻质墙材比红砖有更好的热工性能,可以大大降低墙体重量。1959 年,苏联拉古钦科薄壁深梁式大板结构传入我国,其要点是把分室隔墙视作薄壁深梁的受弯构件,以改过去受纵向压力的设计思想。哈尔滨工业大学结构教研室朱聘儒大胆应用这种构思,建筑材料教研室的黄士元、陈振基、徐希昌等人配合试验轻质隔热材料,成功试制了复合预制外墙板,并建成了一栋盒子示范建筑。

20 世纪 60 年代,北京发展了多种大板建筑(图 1 - 39),其中有以小块砖为原料的振动砖板、以粉煤灰硅酸盐材料为原料的粉煤灰大板、受力层和绝热层复合成的混凝土大板,以及大板和红砖结合的内板外砖体系等。这些工业化住宅在北京和沈阳等地盛行一时,为解决城市居民的住房困难作出了一定的贡献。

图 1-39　北京大板建筑和施工图

（2）建造方式的发展。在建筑工业化的初期阶段（1950—1976 年），中国建筑方式的发展经历了一系列重要变革。1956 年，国务院发布了《关于加强和发展建筑工业的决定》，确立了从根本上改善中国建筑工业的方针，即通过积极有序推进工厂化、机械化施工，逐步实现对建筑工业的技术改造，向建筑工业化过渡。这一时期的建筑工业化的主要特征是设计标准化、构件工厂化生产和施工机械化，被称为"三化"。标准构件在混凝土构件工厂内预制，然后通过机械设备安装到现场，推动了建筑装配化和机械化的发展。这一时期的实践为中国建筑工业化奠定了坚实基础，为后来的建筑业发展提供了宝贵经验和技术积累。

2）唐山大地震后预制装配化的停顿（1976—1982 年）

20 世纪 70 年代，中国城市主要是多层的无筋砖混结构，即以小块黏土砖砌成承重墙体，而楼板则多采用预制空心楼板，这种结构无法抵御垂直及水平的地震作用。特别是楼板间没有任何拉结，搭在墙上的支承面又少，于是在地震中，墙体容易被剪切破坏，楼板塌下。

唐山大地震后，人们的直觉是无筋砖混结构和预制楼板不抗震。全国建筑业开始重视抗震：北京、天津一带已有的砖混结构统统用现浇圈梁和竖向构造柱形成的框架加固；全国划分了抗震烈度区，颁布了新的建筑抗震设计规范，修订了建筑施工规范，规定高烈度抗震地区废除预制板，采用现浇楼板，低烈度地区在预制板周围加现浇圈梁，板的缝隙灌实，添加拉筋。此时建筑工业化受到严重打击，全国数千座民用建筑的预制厂倒闭或转产，改为生产预制梁柱、铁路轨枕、涵洞管片、预制桩等制品。

3）现浇混凝土的兴起和预拌混凝土的发展（1982—2008 年）

在这一时期，国外的现浇混凝土技术传入我国，建筑工业化被解释为现浇混凝土的机械化。砖石砌体被抛弃后，用大模板现浇配筋混凝土的内墙应运而生，现浇楼板的框架结构、内浇外砌和外浇内砌等各种体系纷纷出现。从 20 世纪 80 年代开始，这类体系应用极为广泛，因为它解决了高层建筑用框架结构时梁柱和填充墙抗震设计复杂的问题,而现浇的配筋内横墙、纵墙和承重墙或现浇的筒体结构则形成了刚度很大的抗剪体系,可以抵抗较大的水平荷载,因此提高了结构物的最大允许高度。外墙则采用预制的外挂墙板。这种建筑结构体系将施工现场泵送混凝土的机械化施工和外挂预制构件的装配化高效结合在一起,发挥了各自的优势,因而得到了很快的发展。

在某些情况下,无法解决外墙板的预制、运输或吊装,可以采用传统的砌体外墙,这就是内浇外砌体系。20 世纪 90 年代初至 2000 年前后,由于城市建设改造的需要,北京大量兴建的高层住宅基本上是内浇外挂体系,房屋的内墙(剪力墙)采用现浇混凝土,而楼板则用工厂预制整间大楼板(或预制现浇叠合楼板),外墙是工厂预制混凝土外墙板,开始是单一的轻骨料混凝土,后来为提高保温效果,逐渐改为中间层用高效保温材料,采用平模反打工艺,墙板外饰面有装饰的条纹,这种内浇外挂墙板可承受 20% ~ 30% 的地震水平荷载。

大模板现浇混凝土建筑的兴起,推动了中国预拌混凝土工业的发展。以前的混凝土基本是"自给自足"的"小农经济"方式,没有成为市场供应的商品。20 世纪 80 年代,国内经济体制改革发生突变,党的十二届三中全会提出发展商品经济。建筑业的混凝土也因此走向市场,面向全社会供应。北京、上海、天津、无锡、沈阳等大城市率先开始社会化供应,大模板体系的混凝土完全由专业的搅拌站供应,定时定量,搅拌站配备了搅拌车运输、泵车输送浇筑,技术逐步成熟。预拌混凝土作为一个独立的新兴产业真正开始起步。

工厂化的发展使预拌混凝土在我国大中城市(尤其是东部地区)的年生产能量达到 300 万立方米以上,部分大城市的预拌混凝土产量已占现浇混凝土总量的 50% 以上。预拌混凝土的发展推动了混凝土技术的进步。搅拌站的规模趋于大型化、集团化,装备技术、生产技术和管理经验趋于成熟,泵送技术使用普及,混凝土强度等级有所提高,掺合料和外加剂的技术飞速发展。

虽然没有精确的统计数字,但现浇混凝土结构在大中城市的高层建筑比例应在 80% 以上。随着施工现场湿作业的复苏,现浇技术的缺点日益彰显,即使使用钢模,因支模的手工作业多、劳动强度大,特别是养护耗时长,施工现场污染严重,工序质量对结构质量影响颇大。这个时期建筑工业化的特点可以归纳为:

(1)由于对抗震性能的重视,建筑界把竖向承重体系设计成现浇结构,其他外墙围护结构和水平楼板设计成装配式部件,一种新的建筑体系应运而生。

(2)在新的建筑体系中,现浇混凝土的使用推动了预拌混凝土的发展,促进了预拌混凝土(图 1 - 40)这个新兴行业的出现,并带动了混凝土技术的飞速发展。

图 1-40　预拌混凝土产业和预拌混凝土

4）装配式混凝土建筑整体性的发展（2008 年至今）

20 世纪末期，中国出现了极大的住房问题。一方面商品房价格上涨过快，城市化的结果使得很多移居城市的人买不起房，甚至住不起房，在很多城市里出现了蜗居和蚁族。另一方面，中国的劳动市场也发生了变化，简单的体力劳动力资源紧张，建筑业出现了人工短缺现象。有识之士认识到，长期以来，我国的建筑业以现场手工作业为主的传统生产方式不能再继续下去了，建筑工业化的问题重新摆在了人们的面前。

从建筑业转型发展的观点出发，用大工业化市场的方式建造房子，实现设计标准化、构配件工厂化、施工机械化和管理科学化的所谓"四化"再次进入人们的视线。除了已有的建筑工业化方式，人们开始特别注意减少劳动力用量、保证房屋施工质量、降低浪费、节约资源等新课题。在新形势下，装配式结构的优势明显优于其他工业化建筑体系，但是装配式结构体系整体性能差、不能抵御地震破坏的阴影仍然笼罩在建筑界。为了有别于过去的全装配式，2008 年前后，出现了一个新的名词——装配整体式结构。

装配整体式结构在发展中也有分支。一种是使用现浇梁柱和现浇剪力墙；另一种把剪力墙也做成预制的或半预制的。前者可称为简单构件的装配式，只涉及标准通用件和非标准通用件，不涉及承重体系构件；后者则做到了承重构件的预制，预制率有很大提升。2010 年，《装配整体式混凝土住宅体系设计规程》（DG/TJ08—2071—2010）由同济大学、万科集团和上海市建筑科学研究院等单位联合发布。该规程定义了装配整体式混凝土结构为："由预制混凝土构件或部件通过钢筋、连接件或施加预应力加以连接并现场浇筑混凝土而形成整体的结构。"这一结构体系是 50 年前从苏联装配式建筑中学习并改进而来的，同时经过对多次地震灾害的总结，才适应了新发展时期高层装配式建筑的需求。

这个时期建筑工业化的特点是：自 2008 年至今，政策支持力度增强，技术水平不断提升，市场需求持续增长，政府通过一系列政策文件和措施积极支持装配式建筑发展，促进了行业规范化和标准化。技术方面，科技进步和工艺改进推动了装配式建筑设计、生产和施工技术的不断提高，提升了建筑质量和施工效率。同时，城市化进程加快和人们对建筑品质的需求提升，装配式建筑作为一种快速、高效、环保的建筑方式受到了越来越多的关注和应用，市场需求持续增长，从而推动了行业发展。

2. 中国香港地区建筑工业化的发展

1) 房屋委员会和公屋设计

香港是世界著名的移民大都会（图 1 – 41），居民中绝大多数是由外地迁移过去的。20 世纪 50 年代的香港人口仅有 236 万，20 世纪 60 年代初期因政局动荡，大量资金、技术和劳动力纷纷涌入香港，每年新增人口数十万。由于房屋建造速度赶不上居民的增长，许多人不得不栖身于简陋的寮屋内。1953 年 12 月，九龙白田村遭遇大火，焚烧 6 小时，毁屋万间，5 万多居民一夜间失去了家园。港英政府为安置灾民，成立了半独立的屋宇建设委员会，着手兴建廉租屋宇，以设备齐全的居屋供给中下收入的家庭。到 20 世纪 60 年代中期，政府已用徙置大厦的形式为 50 万人提供了住所。到 1965 年，住在公屋的居民达到 100 万，约占当时人口的 1/4。1973 年屋宇建设委员会重组为专门兴建和管理公营房屋的房屋委员会。

图 1 – 41　香港住宅和香港高层

据统计，2001 年全港人口 670 万，住私人公司建造的永久性房屋的占 49%，住公营租住房屋的占 31.9%，住在房委会资助出售单位的占 16.1%。可以说，近一半的香港住房是香港房委会经手建造的，房委会称得上是香港最大的房地产投资机构。房屋委员会的公屋设计方案经过多次变化和不断改进，由原来的走廊两边排列居室的板式布置，发展到 20 世纪 90 年代的电梯设在中间，每个单元均有阳台和厕所的高层井式布置,被命名为"和谐式"设计,在国际社会公营楼房建设中具有一定的知名度。但在建造初期,外墙和楼板全是现场支模现浇混凝土,内墙用砖砌成,材料浪费严重,并产生大量建筑垃圾,施工质量无法控制。

2)初期为简单的预制部件

20世纪80年代后期,香港房委会提出在公屋建设中使用预制部件。当时ISO 9000已经公布,房委会要求预制厂生产要标准化,贯彻质量管理和质量保证体系。最先放到工地外预制的是洗手盆和厨房的灶台。为保证质量,房委会对灶台设计了专门的试验标准,要求模拟住户切菜所用力度冲击多少次后灶台外表不产生裂缝才为达标。洗手盆原来是在金属盆的外面全部用普通混凝土包裹,后来改用陶粒和珍珠岩配制的轻混凝土,大大减轻了部件的重量。这两个小部件改为装配式后,不但质量得以保证,而且施工速度加快了,现场产生的建筑垃圾也减少了,预制化尝试得到了初步的成功。

3)楼梯段和内隔墙板的预制化

20世纪90年代,香港公屋需求激增。当时"和谐式"的公屋设计已经成熟(图1-42),结构上是筒式结构加剪力墙。因现浇混凝土费工费时,而且质量难以控制,相比之下,预制化有显著的优越性。房委会决定进一步推广预制工业化施工方法,提出把最费工的楼梯段预制化。之后又建议推行更大尺寸的房屋预制部件,在公屋招标时提出放弃原来内隔墙用小块砖砌筑的方法,改用整层高的预制墙板,一时间香港许多企业纷纷开始研究预制墙板。

预制内墙板生产和应用的初期也出现了墙体开裂、隔音不良等问题,但是其施工快捷、节约人工和材料、减少建筑废料等方面的优越性促使房委会坚持推广预制内墙板,并实行了一系列质量保障制度,包括引用比英国墙板指标还高的产品标准,所有生产厂家必须通过ISO质量体系认证,整个墙板制造过程要写成文件经房委会考察通过,墙板安装过程要标准化,使用的配套材料必须经过房委会认可,等等。

图 1 - 42　香港"和谐式"的公屋

香港的内墙板施工与内地有很多不同。首先,总承包商在投标前就已经向发展商(比如房屋署)送交了所用内墙板的规格、生产厂家和施工方法,并得到批准,因此在每层楼板封顶前就可将各单元需用的内墙板按设计量用塔吊放到楼面上,待主体施工超过两、三层后就可着手安装内墙板。这样内墙板距离出厂日期至少多出十多天,因此安装后由于收缩而产生开裂的概率大大减少。其次,内墙板的生产和安装由同一家分包商负责,制造厂家对工地负责的是最后的墙体,而不是送交的墙板,因此他们会对安装队伍进行培训,并监管使用的配套材料和方法。特殊部位和要求的墙板安装方法由制造厂家研究,经发展商认可后由安装队伍执行。最后,安装队伍在现场发现问题就随时向生产厂家反馈,比如为了减少工地操作和产生废料,要求墙板在工厂就将水电穿管预埋好,避免现场切割,厂家按照图纸埋好,做出标记,配套打包,送往工地,装配化水平由此得到进一步提高。

4）建筑垃圾的限制推动了预制化

香港地少人多,随着经济的发展和人们生活水平的提高,城市固体废物量不断增加。为解决这一难题,香港环境保护署将废物处理费用与产生源挂钩,引导市民选择更符合可持续发展的生活方式。2005 年开征建筑废物处置费,对于建筑垃圾,建筑公司除了支付车费外,送往堆填区的废物每吨要交 125 港元,送往分类工厂则减至每吨100 港元。显然,预制装配化的推广会减少废物的产生,因此,建筑商使用预制部件的积极性就提高了。

5）内墙板与外墙板的应用

内墙板的经济效益有目共睹,一开始仅在公屋中使用,几年后便被私营建筑商接受,内墙板得到了广泛的推广应用。内墙板的成功应用加快了外墙板的工厂化生产,这要归功于设计的标准化。筒式结构的"和谐式"设计成功定型,外墙板不承重,完全可以做悬挂式,再加上规格减少,就凸显了预制化的优越性。原来外墙采用现浇混凝土施工,预留洞口后安装窗框,洞口与窗框间的缝隙用砂浆填补。由于现场难以控制质量,砂浆填入的深度或密实度不够,台风肆虐的季节容易造成雨水渗漏。使用预制外墙板,窗框直接在预制厂浇筑在混凝土内,避免了后填缝的弊病。同时外墙的瓷砖饰面也在预制厂内做好,质量得到保证,大大减少了高层建筑外饰面砖脱落事故。

在外墙板推行的初期,建筑商有所抵触,政府此时推出了一项行政支持措施,即凡是使用预制外墙板的居住单位,凸出的窗台面积不计入容积率,发展商因此可以提高层数,建筑商无奈被迫使用。有些大的建筑公司自己开设预制厂,在珠江三角洲地区生产这类外墙板,窗框装好,瓷砖贴好,经检验后运到工地。

　　值得一提的是,香港生产各种建筑部件所用的技术和材料绝大多数是内地的,有时少数机械零件或辅助材料可能用国外进口的。时至今日,预制建筑部件包括门窗、铁闸、卫生洁具,几乎全在内地生产,ISO 质量保证体系也因此得以在这类企业中全面推开。

　　总体而言,中国的建筑工业化发展历程经历了从起步阶段到快速发展阶段。在未来,随着技术的不断创新和政策的持续支持,中国建筑工业化将继续向着更高效、更环保、更智能的方向发展。

第 2 章

小型建筑工业化

2.1 小型建筑工业化概述

2.1.1 小型建筑工业化基本内容

小型建筑工业化的基本内容有以下几点：

（1）采用先进、适用的技术、工艺和装备，科学合理地组织施工，发展施工专业化，提高机械化水平，减少繁重、复杂的手工劳动和湿作业。

（2）发展小型建筑构配件、制品、设备生产并形成适度的规模经营，为建筑市场提供各类建筑使用的系列化的通用建筑构配件和制品。

（3）制定统一的建筑模数和重要的基础标准，合理解决标准化和多样化的关系，建立和完善产品标准、工艺标准、企业管理标准、工法等，不断提高建筑标准化水平。

（4）采用现代管理方法和手段，优化资源配置，实行科学的组织和管理，培育和发展技术市场和信息管理系统，适应发展社会主义市场经济的需要。

2.1.2 小型建筑工业化的特点

1. 规模相对较小

相比于大型建筑工程，小型建筑工程的建筑面积较小，项目周期也较短，通常只需要几个月的时间就可以完成。

2. 灵活性强

小型建筑工程规模相对较小，设计和建造的过程更加灵活自由，可以根据客户需求进行个性化定制。这种灵活性使得小型建筑工业化能够更好地适应市场变化，满

足多样化的建筑需求。

3. 制造工厂化

小型建筑工业化采用现代化的制造方式,将房屋视为一个大设备,以工业生产的预制构件作为零部件。这些构件在工厂内生产,质量可控,能够保证组装出来的房屋达到功能要求。这种制造工厂化的特点让小型建筑工业化具有更高的生产效率和质量保证。

4. 施工装配化

小型建筑工业化采用施工装配化的方式,将工厂预制好的建筑构件在施工现场按图组装。这种装配化施工方式具有多个优点,如可在短期内交付使用、减少建筑工人数量和劳动强度、交叉作业方便有序、能保证每道工序的质量等。此外,装配化施工还可以降低现场噪声,减少散装物料和废物及废水排放,降低施工成本。

5. 造价相对低廉

小型建筑工程的建造成本通常较低,采用工业化生产方式可以进一步降低成本,提高建筑性价比。这使得小型建筑工业化更适合中小企业或个人进行投资,降低了建设门槛,提供了更多的发展机会。

总之,小型建筑工业化具有规模较小、灵活性强、制造工厂化、施工装配化和造价低廉等特点。这些特点使得小型建筑工业化能够更好地适应市场需求,提高生产效率和质量保证,降低建造成本,为中小企业或个人提供更多的发展机会。

2.1.3 小型建筑工业化现状

从建筑工业化的提出至今已有半个多世纪,但我国建筑工业化的进程依然较为缓慢。一方面是建筑工业化内在的原因,另一方面,也与我国的经济发展环境密切相关。

内在原因方面,小型建筑工业化生产方式可以较大幅度地提升劳动生产率,但是我国小型建筑业一直都是劳动密集型产业,且一直享受着廉价劳动力的优势,又能解决就业问题,因此,小型建筑工业化的推动力不强。但随着"用工荒"的蔓延,人口红利的逐渐消失,小型建筑企业对提高劳动生产率的需求不断提升。

发展环境方面,近二十年来我国小型建筑规模不断增加,小型建筑业产值以每年25%的速度增长,且每年的新开工面积达到全球的一半。巨大的建设需求使得建筑企业没有时间与精力来进行建筑工业化技术的科研,开发商也不愿意使用不成熟的建筑工业化技术。虽然在这个过程中也产生了不少带有建筑工业化元素的产业,如混凝土制品企业、建筑机械生产和制造企业等,但这些处于建筑工业化链条的终端,没有能力拉动整个产业的工业化进程,整个建筑产业依然沿袭着传统的施工模式发展,没有太高的提升。

1. 小型建筑工业化发展方面

建筑工业化是指用现代工业生产方式和管理手段代替传统的分散的手工业生产方式来建造房屋,也就是和其他工业那样用机械化手段生产定型产品。小型建筑工业化的定型产品是指房屋、房屋的构配件和建筑制品等。小型建筑工业化的基本特征表现在标准化、机械化、工厂化、组织管理科学化四个方面。小型建筑工业化,作为一种新型的建筑生产方式,近年来在全球范围内得到了广泛的关注和发展。它旨在通过标准化设计、工厂化生产、装配化施工等方式,提高建筑生产效率,降低能耗和环境污染,实现建筑业的可持续发展。中国小型建筑工业化在 2016—2023 年经历了高速发展。为保障和推动小型建筑工业化的发展,我国不断推出新政策、制定新标准(表 2 - 1)。

表 2 - 1　2016—2023 年中国建筑工业化关键历程政策节点

年份	政策	相关内容
2016	《国务院办公厅关于大力发展装配式建筑的指导意见》	明确提出力争用 10 年左右的时间,使装配式建筑占新建建筑面积的 30%
2017	住房和城乡建设部印发了《"十三五"装配式建筑行动方案》	要求到 2020 年,全国装配式建筑占新建建筑的比例达到 15% 以上,其中重点推进地区达到 20% 以上,积极推进地区达到 15% 以上,鼓励推进地区达到 10% 以上
2020	《住房和城乡建设部等部门关于加快新型建筑工业化发展的若干意见》	鼓励医院、学校等公共建筑优先采用钢结构,积极推进钢结构住宅和农房建设
2021	住房和城乡建设部办公厅印发了《关于开展新型城市基础设施建设试点工作的函》	要求加快推进基于信息化、数字化、智能化的新型城市基础设施建设,推动智能建造与建筑工业化协同发展

续表

年份	政策	相关内容
2022	住房和城乡建设部印发《"十四五"建筑节能与绿色建筑发展规划》	要求到2025年,城镇新建建筑全面建成绿色建筑,建筑能源利用效率稳步提升,建筑用能结构逐步优化,建筑能耗和碳排放增长趋势得到有效控制,基本形成绿色、低碳、循环的建设发展方式,为城乡建设领域2030年前碳达峰奠定坚实基础
2023	《住房和城乡建设部等部门关于推动智能建造与建筑工业化协同发展的指导意见》	提出要以大力发展建筑工业化为载体,以数字化、智能化升级为动力,创新突破相关核心技术,加大智能建造在工程建设各环节应用,形成涵盖科研、设计、生产加工、施工装配、运营等全产业链融合一体的智能建造产业体系,提升工程质量安全、效益和品质,有效拉动内需,培育国民经济新的增长点实现建筑业转型升级和持续健康发展

2. 在小型建筑工业化中推动信息化的应用方面

2016年,住房城乡建设部发布的《2016—2020年建筑业信息化发展纲要》提出,加强信息技术在装配式建筑中的应用,推进基于BIM的建筑工程设计、生产、运输、装配及全生命期管理,促进工业化建造。建立基于BIM、物联网等技术的云服务平台,实现产业链各参与方之间在各阶段、各环节的协同工作。2017年《国务院办公厅关于促进建筑业持续健康发展的意见》中再次强调,要加快推进BIM技术在规划、勘察、设计、施工和运营维护全过程的集成应用,实现工程建设项目全生命周期数据共享和信息化管理,为项目方案优化和科学决策提供依据。另外要加快先进、智能建造设备的研制和推广应用,提升各类施工机具的性能和效率,提高机械化施工程度,保证建造过程的质量与效率,从而推进建筑产业现代化的发展。2020年8月,《住房和城乡建设部等部门关于加快新型建筑工业化发展的若干意见》发布,其中提出,要加快信息技术融合发展。要大力推广建筑信息模型(BIM)技术,加快应用大数据技术,推广应用物联网技术,推进发展智能建造技术。

3. 技术应用层面

随着信息技术、智能制造等技术的快速发展,小型建筑工业化在技术应用方面取得了显著进展。例如,BIM技术、3D打印技术等在小型建筑工业化中的应用越来越广泛(图2-1)。

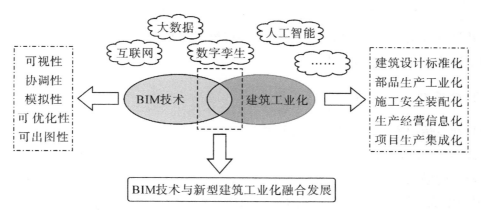

图 2-1　BIM 技术与建筑工业化融合发展

目前我国研发企业、设计院所、科研机构、高等院校等对建筑工业化集成技术的研究,使建筑工业化相关技术的创新与应用得到了进一步加强。但建筑工业化结构体系、预制件产品设计标准化、制造及安装成套技术不成熟仍是建筑工业化大规模推广应用亟待解决的问题。

4. 企业发展层面

在我国建筑工业化发展的道路上,企业的参与对建筑工业化的成长起到了极大的促进作用,越来越多的企业开始关注建筑工业化市场。其中,对建筑工业化市场较为关注的是房地产开发企业和施工承包企业。

近年来,在建筑工业化产业链中,一些设计、预制构件生产、建材部品以及机械制造与运输类企业迅速发展,传统大型设计企业和大型建筑施工企业已在积极向装配式方面进行业务转型。

2.1.4　小型建筑工业化存在的问题

我国装配式建筑行业发展已有 70 余年,从借鉴国外经验,到适应本地突破创新,从以劳动力为主的人工制作,到机械化加工、装配化施工。尤其进入 21 世纪以来,国家和地方政府相继出台各项政策大力推广装配式建筑,加之以智能建造和信息化技术的发展,我国装配式建筑行业迎来了快速发展的新阶段。住房和城乡建设部印发的《"十四五"建筑业发展规划》,提出到 2025 年,装配式建筑占新建建筑的比例达到30% 以上。近年来,虽然装配式建筑得到了快速发展,建造水平和建筑品质也得到了明显提升,但当前装配式建筑仍普遍存在诸多问题。主要包括以下几个方面:

1. 传统观念根深蒂固

传统建筑理念根深蒂固,在一定程度上制约了建筑工业化的发展。在建筑行业

当中,传统的建造方式居多,建筑工业化的理念普及率较低,建筑行业中的相关工作人员并没有认识到工业化建筑的优势,认为传统的建筑施工模式发展前景良好,从而影响了建筑工业化的大力发展。

2.政策制度不完善

纵观发达国家的建筑工业化发展历程,建筑工业化的发展离不开政府的政策支持。近年来,我国政府加强推广建筑工业化,制定了一系列的政策,但地方政府对建筑工业化的激励机制和扶持政策并不完善,例如系统性不强、技术集成研发力度不足、预制率低,显然缺乏科学系统的长期规划。而要推动建筑部品(件)的大规模定制,除了一些强制性的规定,更重要的是调动整个建筑环节上企业的积极性,通过相关的鼓励政策,包括容积率奖励、税收优惠、贷款优惠、建筑面积奖励等方式推动建筑部品(件)大规模生产以及工业化建筑的开发建造。

3.相关标准体系不规范

(1)生产技术规范不统一。建筑工业化需要对多种工厂生产的部品(件)进行设计,对装配节点进行合理选择,这不是一家企业就能独立解决的。大规模定制既要实现部品(件)的通用化大规模生产,又要兼顾多样性定制,所以必须多个参与主体联合。当前国内进行住宅部品生产的企业数量较少,构件单一、规格少,没有统一遵循的标准体系和生产技术规范,例如通用部品体系的设计标准图集、竣工验收规范、部品(件)及设备之间的模数规范等,这很大程度上阻碍了系列性开发设计、规模化批量生产、跨系列产品间的模块通用,也是造成建筑工厂化生产和机械化施工不足、成本较高的原因之一。

(2)建筑结构标准体系缺乏。混凝土结构、钢结构、木结构等体系缺乏对应的标准,包括构件标准、设计标准、安装标准等,已有的相关产品或构件的设计和生产技术规范也不完善,设计、构件加工、现场施工、竣工验收等标准的关联性有待加强。在模数规范方面,建筑产品、结构构件、厨房、卫浴、门窗、内装、零配件等很多都缺乏系统的尺寸规定和协调标准。工业化结构模数体系过于简略,在基础理论、原则规范、应用方法、协调原理等方面均不完善,材料、设备、功能空间、建筑部件之间的尺寸协调缺乏。有关技术研究成果也需要转化为对应的标准规范。

4.标准化与多样化的矛盾

工业化在建筑业的进展缓慢,但整个社会已经步入后工业时代,以工业数字化生产作为支持,人们的生活方法和思想理念越来越强调个性与多样化,表现在建筑业即为消费者会仔细比较价格、面积、户型、环境等因素。然而,我国建筑工业化还处于前期发展阶段,标准化体系设计方面还处于设计定型、构件统一、规格少且强调标准化与通用化,以便于工业化生产和机械化施工。标准化与多样化构成了天然的矛盾,这对工业化建筑的设计能力提出了更高要求,也使企业对工业化建筑的市场化前景有所犹豫。

5. 一体化程度仍然较低

当前还存在大量非 EPC(工程总承包)模式的装配式项目,设计、生产、施工脱节依然较为严重,导致建筑信息在各环节的传递过程需要进行信息重建,严重影响项目施工资源的高效累积。

6. 数字化基础薄弱

装配式建造的各环节数据没有打通,存在大量信息孤岛,数字化管理水平低,进而也导致智能建造水平低下。这些问题若得不到有效解决,将严重阻碍装配式建筑的发展,进而导致新型建筑工业化的进程迟滞。

7. 经济成本较高

当前,我国的建筑工业化未形成产业规模,所以相对于传统建筑来说,其经济成本要高得多。首先,材料成本方面,由于建筑工业化还处于发展的初始阶段,其普及率并不高,且装配式构件的生产厂商也比较少,分布于全国不同的省份和地区,这就会增加预制构件的运输成本。再者,如果在工业化建筑的施工地区建厂生产预制构件,又需要投入大量的资金,短时间内难以收到回报。根据相关统计,装配式建筑的造价要比现浇式建筑高 700 ~ 800 元/m²。其次,人工方面,工业化建筑对设计人员的要求是非常高的,设计人员不仅要能够对装备的标准构件进行拆解设计,还要对其中的特殊节点构造有足够的了解。而对施工人员来说,其施工经验基本来源于传统建筑,如果要对预制构件进行装配,则需要经过专业的培训,这无形中又会增加人工成本。在预制材料从运输、进场、储存到安装的每一个环节,都需要对管理模式做出调整,这就会增加管理成本。

8. 地域限制与规模化的矛盾

预制化构件重量较大,不可能像工业化小零件一样进行远距离的运输,预制化工厂生产的预制化构件只能供应给附近的工业化建筑,因此在计划开发建设工业化建筑时,必须在旁边建立预制化工厂;而对于预制化构件企业,如果没有大规模的市场

需求,只为一家企业或一个楼盘生产构件,无法实现规模效应,也会面临倒闭风险。

9.缺乏专业人才

受传统建筑的影响,工业化建筑行业面临着人才紧缺的瓶颈,这主要表现在三个方面。

(1)缺乏专业的设计人才。目前,在我国高校开设的与建筑有关的专业中,并未涉及与工业化建筑有关的课程和内容。并且,工业化建筑在我国还处于起步阶段,实际的装配式建筑工程很少,有经验的设计人才则更少,能够对设计图纸进行专业审核的人更难寻找。

(2)缺乏专业的施工人才。工业化建筑省去了许多人工环节,需要的人工数量相对较少,但对施工人员的专业素质要求较高。对施工人员培训施工方法,会增加施工的时间成本和资金投入,所以目前能够对装配式建筑进行标准建设的单位也非常少。

(3)缺乏专业的管理人才。在工业化建筑的整个施工过程中,会增加新的施工方式,因此在管理方面也需要改变传统的管理模式,在完成工业化建筑的施工后,还需要对建筑进行维护,这方面的人才也是非常欠缺的(图2-2)。

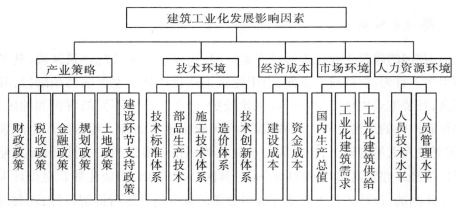

图2-2 建筑工业化发展的影响因素

2.1.5 小型建筑工业化发展的必要性

小型建筑工业化发展的必要性在于旺盛的建筑需求和逐渐减少的劳动力之间的矛盾,从建筑行业发展本身来看,小型建筑工业化发展是建筑业可持续发展的重要使命。在新的历史时期,为了适应城镇化发展需要,政府部门出台了能够促进城市化发展和改造的策略。新型城镇化是我国现代化建设的重要任务,小型建筑工业化发展能够为人们提供高质量的建筑,从而改善人们的居住环境。

1. 提升经营效率

谈及建筑企业,业内人士的一致看法就是高消耗、低盈利、规模大,但效益没体现出来。尤以房建企业效率低下最为突出,同质化的恶性竞争让房建市场深陷红海,而建筑工业化或许成为解救建筑企业脱离激烈竞争的方式之一。如前文所说,构配件的工厂化生产、工人熟练的技术、机械化的生产方式,加上构配件质量保障,将在安全、效率、质量等多方面对传统建造生产方式有极大改观。

2. 缓解劳务紧缺

随着人口红利逐渐消失,小型建筑企业利用廉价劳动力发展企业的优势将不复存在。近年来,"用工荒""招工难"等字眼频见报端,在大量项目停建环境的背景下,薪酬涨幅与招工难度依旧难以匹配,可见建筑行业的劳务紧缺程度。建筑工业化生产方式,构配件生产的工厂化操作主要采取机械化操作,将很大程度上缓解劳务的紧缺。

3. 促进资源节约

随着低碳环保、可持续发展的理念蔓延,超级耗能大户建筑业成为重点需要变革的对象。据资料显示,每年有80%的城市垃圾由建筑业产生。显然,不可持续的传统建造方式将导致大量的浪费,而建筑工业化的特点就是节水、节材、节能、节地。

2.1.6　小型建筑工业化发展需求

1. 政策规划需求

我国从20世纪50年代建筑工业化开始起步就在推行标准化、工厂化、机械化预制构件和装配式建筑。自2010年以来,中国政府相继出台了一系列鼓励推进建筑工业化的政策文件,如《绿色建筑行动方案》《住房和城乡建设部等部门关于推动智能建造与建筑工业化协同发展的指导意见》等,这些政策文件的出台为建筑工业化的推广和应用提供了政策保障和市场导向,建筑行业形成了如装配式剪力墙结构、装配式框架结构等多种形式的建筑工业化结构。

2. 市场发展需求

上海、深圳、济南、武汉等城市相继出台了以1~2家重点企业为中心整合整个城市的建筑工业化发展,以保障性住房建筑为落实对象的建筑工业化方针。例如武汉

市选择中建三局为重点企业,控制工程成本、提高建筑安全水平和提倡绿色建筑。但是在具体的实施过程中各个城市的建筑工业化发展也存在着一定的问题,比如各地建筑工程实施过程的管理还不够规范和科学,工程成本并未得到有效降低等。

2.2 推进小型建筑工业化

小型建筑工业化是传统建筑企业转型升级的重要途径,是建筑业高质量发展的现实需求,也是未来行业发展的趋势。加强小型建筑工业化全产业链的要素集聚和业务协同,加快补齐建筑工业化标准、技术、装备等方面的短板,通过装配式建筑延伸产业链(图 2 - 3),运用现代工业化组织方式和创新模式,对建筑全过程、全要素进行系统集成和资源优化,实现新型建筑产业链条,提升资源的高效配置和整合。

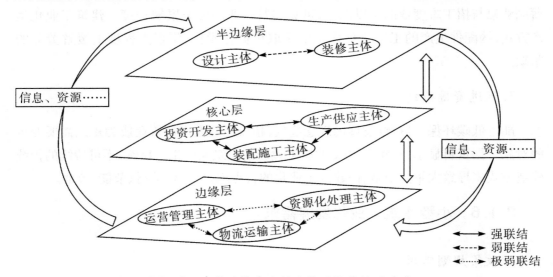

图 2 - 3 建筑延伸产业链立体网络式协同关系

发展新技术归根结底是要培养新人才,新型专业人才及队伍可以促进小型建筑工业化的发展。从政府方面可以将建筑工业化纳入建造师等职业考试中,出台政策鼓励企业和高校引进对口的高层次紧缺人才,鼓励校企合作,为建筑工业化产品顺利落地提供技术支撑。从企业方面要选拔出一些技术性人才加强培训,创建企业自有的高素质建筑工业管理设计团队。针对施工工人也要做好持证上岗、继续教育等工作,逐渐将以往的农民工向产业化工人转变,从装配式部品的工厂生产到施工的吊装装配全力打造高素质的工人队伍。高校是培养人才的摇篮,应鼓励建筑类专业院校开设 BIM 应用技术、装配式设计施工技术等类型的课程,为学生毕业从事建筑工业化打下良好的基础。

2.2.1　政府层面

从政府层面而言,当前最为关键的是技术标准的制定和产业扶持政策的出台。

1. 制定技术标准

当前,因国内技术标准的缺失,部分发展小型建筑工业化的企业已经尝到成长之痛,设计、构配件与施工装配的审批与验收无标准可循。而当前国内进行住宅部品生产的企业数量少,产品类型非常有限,必须发展通用建筑部品才有可能实现部品的规模化生产。如何发展通用小型建筑部品,亦需要标准的衡量。

2. 加大政策支持,建立完整的法规及标准体系

从政府角度上来说,应该优先从政策上明确建筑工业化的重要性,可从政府投资工程开始优先采用工业化建筑,例如装配式模式,优先鼓励发展小型建筑工业化。其次还要加大政策上的扶持力度,比如采用一站式审批制度,建筑工业化项目绿色通道,给予建筑工业化项目一定比例的财政补贴,降低贷款利率,等等。还可以对购买工业化建造的住宅的消费者给予一定的优惠政策。

针对小型建筑工业化制定针对性的监管机制,完善项目中的招投标模式和施工管理规范。鼓励建筑业内标杆企业、高校、研究院等联合制定相应规范和技术标准,为规模化生产的产业链保驾护航。与此同时,政府应制定针对建筑工业化的法律法规,让企业在参与工业化项目的时候做到有法可依,有标准作保障。只有规范化的法律法规和统一化的标准才能保证工业化建筑顺利发展。

3. 加快信息化 BIM 技术的研发应用

国外 BIM 技术快速发展的同时,我国的 BIM 产业链也逐渐成形。项目各参与方利用 BIM 技术去进行设计方案的对比分析、施工方案的模拟及施工现场的管理、碰撞检查等,实现了项目的高效率管理。将 BIM 技术与建筑工业化相结合,可以实现部品构件的设计标准化、部品生产的产业化、全生命周期下的信息化。

从设计方案的提出到项目后期的运维管理,BIM 技术的可视化及信息精细化都为建筑工业化的发展奠定了坚实的技术与管理基础。重点开发基于 BIM 的建筑工业化设计、采购、生产、施工到运维一体化系统,构建项目族库,并通过对族库中户型样板的不同组合来满足用户的个性化需求。施工过程中将构件进行逐个编码,做到每个构件与 BIM 协同管理系统中的完美对接。加大基于 BIM 的装配式技术的研发,创立 BIM + 产业园基地,通过校企合作共同推进 BIM 技术在建筑工业化下的协同应用。

2.2.2 企业层面

1. 发展意识的提升

当前,市场普遍对建筑工业化缺乏认识。有的开发商有意利用小型建筑工业化节能环保理念进行炒作,而并未将低碳、可持续理念落实在建造过程中,创新更无从提起;也有生产厂商之间的恶性竞争,导致部品重复设计、重复施工,产生浪费。因此,企业发展意识的提升是部品生产工厂化、施工机械化和装配化进程的关键因素。

2. 发展模式的演进

小型建筑工业化的作业流程几乎颠覆现有的发展模式,对大多数建筑企业来说不是"改革",而是"革命"。由于建筑工业化是对建筑生产方式的再组织,涉及设计、施工、构配件生产、部品生产等企业,而小型建筑工业化的第一步就是标准体系的设计,需要各方面企业的合作,有必要联合房地产骨干企业、施工企业、部品生产企业和大学、科研机构等组成产业联盟。

3. 小型建筑工业化促进施工企业高质量发展

小型建筑工业化是传统建筑企业转型升级的重要途径,是建筑业高质量发展的现实需求,也是未来行业发展的趋势。施工企业在此大背景下要明确方向,主动转型升级,不断增强发展动力,提升企业产业链协同水平。大型建筑产业链"链主"企业要依托工程总承包模式,主动在小型建筑工业化建造体系、装配式基地智能化生产、施工现场装配化施工等方面持续进行科技创新,提升企业在工业化领域的核心竞争力。中小企业要主动向专业化转型,不断提高建筑工业化能力,加速形成"专精特新"的竞争优势。

在小型建筑工业化一体化方面,要加快"全产业链技术研发",突破传统现浇二次拆分设计,深入开展"研发—设计—生产—施工"一体化研究,探索形成住宅体系、公共房屋体系、体育场馆体系、线性工程体系等系列装配式设计体系、一体化工厂生产体系、装配化施工体系、信息化管理体系、部品部件及新材料的研发和应用体系等创新技术,贯穿建筑工业化全产业链的组织管理模式和建造方式,打通设计与生产、生产与施工、主体与部品部件及装修的各个环节,提升全产业链的生产效率和管理水平。

2.3　国内外小型工业化建筑

2.3.1　美国纽约植物园停车场

位于纽约市布朗克斯区的植物园停车场,是一栋拥有 825 个停车位的装配式预制混凝土建筑(图 2 - 4)。停车楼共 8 层,建筑面积 27870 m²,总计有 1159 个预制构件,包括双 T 楼盖、板、梁、柱、树形柱、托梁、分隔墙、剪力墙、楼梯墙、楼梯、叉骨墙以及竖向建筑外墙。整栋建筑为全预制混凝土结构。全预制结构的显著优点包括耐久性好("干式"预制楼盖体系,提前做好防锈蚀措施)、施工速度快等,后者对于此地繁忙的城市环境(建筑地点 7 m 以外就是火车轨道)显得尤为重要。

图 2 - 4　纽约植物园停车场

为了保护纽约布朗土植物园珍贵的风景,设计师设计了全新的全预制混凝土停车场结构和多式联运设施。为了使植物园在停车场上视觉畅通,设计师用预制混凝土网格与透明玻璃结合(图 2 - 5),为停车场建造了透明的墙壁。外观特点是其四个方向的外墙面由一系列巨大的叉形构件组成,使得整个建筑的外观呈现出一种竖向交叉成格的效果。交叉格子间的空间被种上了各种不同的绿色藤状植物,给密集的城市增添了绿色的质感。建筑中心还有一个光井,可以使日光进入大楼的中心。这一全预制停车场,给游客带来了全新惊喜体验。

图 2 - 5　预制混凝土网格与透明玻璃

2.3.2 轻钢龙骨装配式建筑

轻钢龙骨装配式建筑(图2-6)是一种新的建构方法,将现场湿作业、模块化设计以及预制装配技术相结合使用。欧美目前的模块化建筑的标准做法是在工厂内严格控制成品质量的前提下完成制造过程,随后在施工现场仅作组装工作。我国的轻钢建筑虽采用了模块化的设计理念,但与欧美国家的做法仍存在些许差别,后者的设计更多强调模块化替换、模块组装,采用规模化手段来使总成本下降,缩短建造时间,全面提升建筑的灵活性,同时也便于建筑的拆卸以及迁移重建。下面以我国扬柳村项目为例对轻钢龙骨装配式建筑作一介绍。

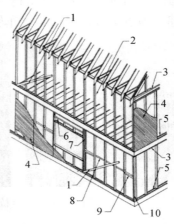

1—钢带斜拉条;
2—二层墙体立柱;
3—顶导梁;
4—墙结构面板;
5—底导梁;
6—过梁;
7—洞口柱;
8—钢带水平拉条;
9—刚性撑杆;
10—角柱。

图2-6 轻钢龙骨装配式建筑

1. 杨柳村项目概况

该项目地处四川省茂县太平乡杨柳村。在2008年地震中,该村超过八成的房屋受损严重。为解决居民的生存问题,该村整体迁移至岷江边的一处平坦区域,重新建设村落(图2-7)。

图2-7 杨柳村重建

2.规划与建筑单体

　　杨柳村全村共56户,以每户的居住空间作为一个基本的居住单元。项目中存在两种单元组合的形式,内部空间基本一致,一种是以两单元拼接为单体,一种是以四单元拼接为单体。其中,双拼的居住单元有8户,其余四拼的居住单元有48户。本书以四户拼接的建筑单体为分析对象,各个单元的户型基本保持一致,其中也存在各户加建、微调设计的情况。因此,杨柳村的整体风貌基本保持了统一,又保证了其多样化发展,并且也发挥了村民的主观能动性。

　　房屋一层与二层的布局基本一致,起居室采用大开间,两层的卧室和卫生间一致,通常年轻人在二层居住。在起居室后面的屋顶部分建造露台,主要用于晾晒衣服,还可以放置花草。三层是坡屋顶下方部分,最低的一侧大约只有一个成人的高度。住户们在这一层主要是放置一些杂物,在外围护部分仅以木板为材料,结构骨架并未做隐藏处理,显露于房间内部。

　　在建筑立面部分,房屋外墙分为三层处理(图2－8)。第一层墙体使用的是羌族传统的毛石,费用较低,与当地的建筑特色相吻合。第二层墙体的两侧都使用热浸镀锌免拆模网,并在其中填充混凝土,使用暖色涂料来粉刷墙体。第三层墙体采用当地材料制成的草土保温板,其保温性良好(图2－9)。

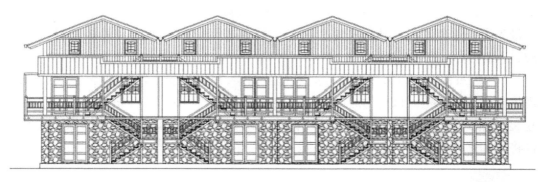

图 2－8　杨柳村住宅立面

3.建造过程

　　(1)铺设地梁。相比较于过去使用的砖混建筑,这种全新的轻钢建筑地梁铺设方式与前者有较大差异。前者采取的是预埋钢筋,后者是将钢梁组装好,再进行预埋,最后使用螺栓与地梁相接。这种方式,让地梁和钢架组成受力的整体,坚固性明显提升,抗震性也有大幅增强。

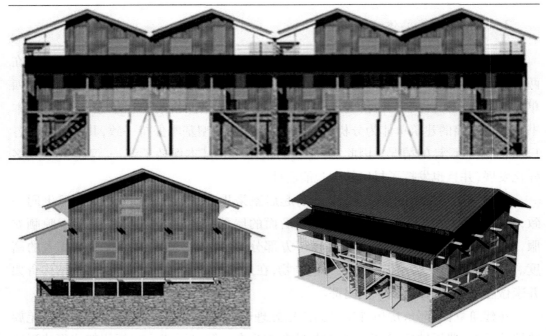

图 2-9　杨柳村住宅墙体

（2）砌筑石基础。该村周边多山地，石材资源较多，因此，基础大部分采用的是砖或石材。使用混合好的水泥砂浆来砌筑石基，高度比地面要高出一部分。

（3）组装钢架。钢架是被运送到工地进行装配的，使用螺栓进行连接固定。钢架是最先进行组装的，层层堆叠，按照一定的顺序进行组装，柱脚要和地脚螺栓一一对应，从而便于后面的立架。

（4）起吊钢架。可采用多种方法来起吊钢架，在确保安全性的前提下，可以依照现场实际进行调整。该村的起架采用的是人工方式（图 2-10），先是将第一个钢架立起，并借助其来安装后面的钢架。当起吊工作结束，工作人员快速使用螺栓等预制件将其和预埋栓连接固定（图 2-11）。

图 2-10　人工起架钢架

图 2-11　钢架固定

（5）安装檩条。首先根据设计图纸来安装主檩条,并关注其安装方向,两两之间使用连接片连接。其次安装斜撑,先将其上部固定好,再用螺栓与折片固定下部。最后按步骤安装二层的主檩条、次檩条等。

（6）外围护建造。杨柳村的轻钢结构建筑的框架使用的是薄壁轻钢,在选定外围护栏材料时,追求的是绿色环保、灵活选用（图 2 – 12）。在农村地区,竹木、木片、河砂以及蒲草等材料多种多样,随取随用,还可以重复利用拆卸下来的旧料,能有效减少建造费用,保护生态环境。房屋屋顶使用的都是镀锌彩钢板,主要是为了提升建造效率,且村落色彩和谐统一。

图 2 – 12　三层外围护

4. 杨柳村住宅平面图

杨柳村地处山谷地带,属聚居形式,住宅类似于联排别墅,村落规划呈阵列形态,并预留了空间建设图书馆、体育馆等配套设施。该村单户住宅的总面积大约为 167 m²。村民各户的住房户型布局基本相同,有些住户根据自己实际需要,对户型进行了微调。同户中,一层和二层的布局也基本一致（图 2 – 13）。

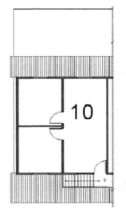

1—客厅;
2—餐厅;
3—厨房;
4—卧室;
5—卧室;
6—浴厕;
7—起居室;
8—卧室;
9—卧室;
10—储藏室。

一层平面图　　　　二层平面图　　　　三层平面图

图 2 – 13　杨柳村住宅各层平面图

5. 轻钢龙骨装配式建筑的优点

轻钢龙骨装配式建筑实现了住宅产业的工业化,同时具有理想的保温隔热性能、显著的节能效果、优异的隔音性能、良好的耐久性、超群的抗震性能等各项优点,而且还能实现住宅产业工业化,改善了人们的居住环境。

（1）实现住宅产业工业化。代替传统建筑材料,改善人们居住环境,轻钢龙骨装配式建筑,不仅可替代传统的住宅模式,而且完全使用工业化的生产建材,是以钢代木、以钢代砖、以钢代混凝土的环保节能型住宅,也是 21 世纪改善人类居住环境的最佳产品。

（2）理想的保温隔热性能。轻钢龙骨装配式建筑采用全封闭式的保温隔热防潮系统,温度变化小、热损失低,不论冬夏,都具有舒适的居住环境。室外 0 ℃,室内仍然可以保持 17 ℃以上;在室外温度达到 30 ℃的情况下,室内温度仅为 21 ℃左右。

（3）显著的节能效果。轻钢龙骨装配式建筑的热传导低,保温性能好,节能效果突出。与砖混结构住宅相比,可节能 70% 以上,冬夏季空调设备可节约耗电 30% 以上,是目前节能效果显著的住宅产品。

（4）优异的隔音性能。实测结果表明在室外 80 分贝的情况下,室内仅为 40 分贝。

（5）良好的耐久性能。主体结构采用 1.2 mm 厚用于轿车外壳的钢板,双面镀有锌和铝,防锈蚀性能好,强度高,具有良好的耐久性能。实验结果证实,轻钢龙骨主体的耐久性能可达一百年以上。

（6）超群的抗震性能。整体刚性好、强度高、重量轻,建筑物自重仅是砖混结构的十分之一,抗震性能是砖混结构的 4 倍以上,可抵抗 70 m/s 的飓风,可有效保护生命财产。

2.3.3 上海市浦东新区惠南新市镇项目

上海市浦东新区惠南新市镇 17 - 11 - 05、17 - 11 - 08 地块 23 号楼（图 2 - 14）是上海市装配式住宅工业化示范项目。该项目采用了装配整体式（双面叠合板式）剪力墙体系,在项目工业化实践过程中,确定了基于全生命周期的可变房型建筑设计原则和基于信息技术的高度集成化设计方法,以装配式建筑的标准化、模块化为基础,进行标准化构件的拆分和深化设计。通过该项目的工业化设计实践和探索,为上海地区双面叠合板体系的规范编制提供了理论和实践依据。

1. 打造工业化示范项目

在对项目进行工业化改造设计之初,该项目设计和规划审批均已经结束,已进入施工实施阶段。宝业集团和华建集团对 23 号楼进行改造,一起打造工业化建筑的示范项目。该建筑地面 13 层,地下 1 层,总建筑高度 37.7 m,建筑面积 9755.24 m²。项目平面外廓尺寸和立面造型风格均需在原设计的基础上进行,不能做大的调整,这给项目的工业化改造设计造成了多方面的约束。

23 号楼的工业化改造采用双面叠合板式混凝土剪力墙体系,单体预制率达到 30%。项目采用了 BIM 技术,将建筑、结构、机电一体化设计,实现建设全过程的控制。建筑的各项品质较传统方法建成的小区有显著提高。

图 2 - 14　23 号楼建筑效果展示

2. 全生命周期房型设计

随着国家政策的调整与社会老龄化程度的日益增长,家庭结构也将随着时间发生变化。设计团队通过研究家庭居住人口变化与老龄化社会发展趋势,在 23 号楼的设计中创新性地采用了大空间的设计手法,确立了基于全生命周期的可变房型建筑设计原则。

设计团队对原设计的室内结构构件的布置进行了改造:取消了室内框架柱,优化了局部 T 型剪力墙,将剪力墙全部布置在空间外围,使建筑内部形成可自由分隔的"大空间"(图 2 - 15),集中布置竖向管井,从而满足建筑使用空间灵活变化的要求。

设计团队在同一个大空间的基础上,对各种家庭生活模式的空间需求都做了一定的空间变化设计,布置了适用于两口(图 2 - 16)、三口之家(图 2 - 17)的夫妻家庭和核心家庭户型平面;布置了适用于三代同堂的主干家庭需求(图 2 - 18),将相邻两户合并,扩展居住空间的户型平面;布置了适合老龄化生活的住宅,研究了大空间设计对使用者可变要求的适应性。

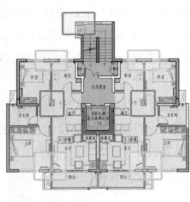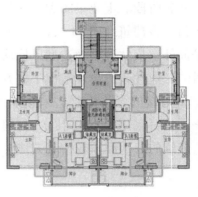

取消局部的框架柱
和T型剪力墙

将原有分割零散的
空间变成大空间

 T型剪力墙
框架柱

优化后的结构
形成可自由分隔的大空间

图 2-15　调整前平面和调整后平面对比

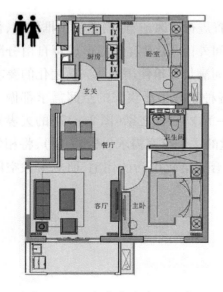

图 2-16　夫妻家庭空间要求

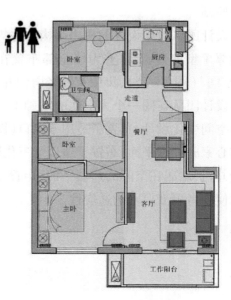

图 2-17　核心家庭空间要求

图 2-18　主干家庭空间要求

设计还提出了大空间分隔变化的各种具体技术措施,如家具隔断与机电布置一体化设计,解决了机电设计如何适应房型可变的问题;采用了同层排水技术,解决厨卫空间的可变。每种措施随着房型变化在项目中的实施,为设计团队在装配式住宅的可变空间设计中取得了实践经验。

3. 集成技术

装配式建筑的核心是"集成",而信息化是"集成"的主线。在 23 号楼的设计中,设计团队采用了 Revit 和 Allplan 等软件,通过协同设计的方法将建筑结构、机电集成设计,将信息化技术贯穿运用于从方案到施工图、构件深化设计图纸、工厂制作和运输、现场装配的全过程,真正实现了建筑全生命周期的设计和控制。

设计团队运用 BIM 技术,以参数化设计的构件建立三维可视化模型,提前将门窗、孔洞、管线等安装部件位置精确预留,从而指导工厂生产建筑部品部件。设计团队通过 BIM 技术进行钢筋碰撞检查,在三维效果中预先制定施工吊装、钢筋绑扎方案,及时调整构件间碰撞钢筋的相对位置,在计算机中模拟施工预拼装,达到构件设计、工厂制造和现场安装的高效协调,从而提高设计图纸质量,有效减少变更和控制项目造价,保证了项目按照既定的工期、造价、质量目标顺利完工。

4. 设计的标准化

标准化的设计是工业化建筑的特点,本项目设计了标准化户型单元模块,将厨

卫、阳台及交通核的功能模块设计标准化(图2-19),统一了门窗、结构构件的形状和尺寸,有效地减少了预制构件的种类,增加了预制构件模具的利用率,提高了装配式建筑的经济性。项目通过合理的拆分技术,以尽量少的结构构件组装成建筑主体,减少了构件间的连接处理,提高了建筑的整体性与组装效率,大大缩短了施工周期。

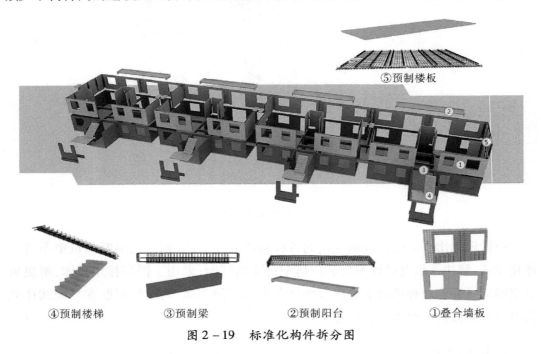

图2-19 标准化构件拆分图

5.安全可靠的结构设计

双面叠合板式混凝土剪力墙体系是以叠合板为基本构件(图2-20),由经两次浇筑叠合而成的钢筋混凝土板状构件叠合式墙板和叠合式楼板组成,辅以必要的现浇混凝土剪力墙、边缘构件等共同形成的剪力墙结构。其与传统的剪力墙体系相比,具有施工速度快、工业化水平高、增量成本小等特点。该体系在上海地区首次运用,为验证双面叠合剪力墙体系的抗震性能,本工程分别进行了构件试验、整体试验。通过高轴压比下的静力推覆试验,重点研究不同预制构造方案的破坏形态与破坏机制、承载力、延性、耗能能力等抗震性能指标。通过三层缩尺模型的振动台试验,重点研究叠合板式混凝土剪力墙结构在地震作用下的反应及破坏机理。上述两组试验结果,相互验证了双面叠合板式剪力墙体系所采用的节点连接方式的安全有效性,并为该体系规范、规程制定提供了理论依据。

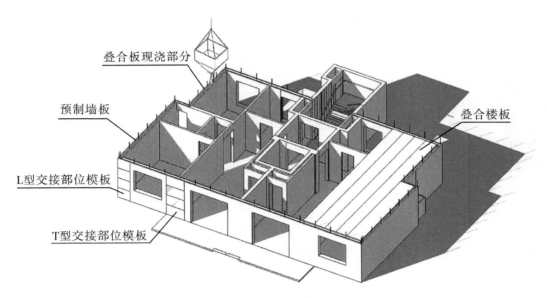

图 2-20　双面叠合板式剪力墙工法展示

在本项目中,通过工业化建筑设计理念的一系列实践,最终实现了可适应住宅全生命周期的建筑空间,探索了建筑、结构、机电各专业的集成设计和预制构件的拆分和深化设计。本次的实践,有助于推动工业化技术在住宅项目中的运用,促进住宅的标准化设计及可变房型设计,推进住宅产业化进程,实现住宅的可持续发展。

第 3 章

建筑构件

3.1 建筑构件的相关概念

3.1.1 建筑构件的含义

建筑构件是指构成建筑物或建筑结构的各个基本组成部分,它们组合在一起形成了建筑的整体框架和功能空间。如果把建筑物看成是一个产品,那建筑构件就是这个产品当中的零件。建筑构件的选取和配置决定了建筑物的外观形态、结构强度以及内部功能布局。它们在整个建筑设计和施工过程中发挥着至关重要的作用。建筑物中的构件主要有:楼(屋)面、墙体、柱子、基础等(图 3-1)。

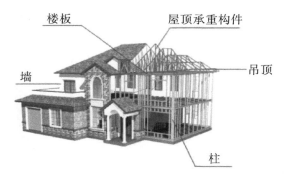

图 3-1 建筑构件

根据建筑构件的属性和功能,可以将其大致划分为结构构件、围护构件、装饰构件、设施构件。结构构件主要承担建筑物的重量和传递荷载,如墙体、柱子、梁和楼板等,它们构成了建筑物的骨架,保证了整体结构的稳定和安全(图 3-2);围护构件主要起分隔和保护空间的作用,如外墙、内墙、隔断、屋顶和地面等,它们不仅有隔音效果,还影响着建筑物的外观和室内环境(图 3-3);装饰构件主要用于装饰和美化建筑物,如门窗、墙饰、吊顶、踢脚线等,它们可以提升建筑物的艺术感和审美价值(图3-4);设施构件包括各种管线、通风设备、电气设备等,它们为建筑物提供必要的生活和工作条件(图3-5)。

图 3-2　结构构件

图 3-3　围护构件

图 3-4　装饰构件

图 3-5　设施构件

在建筑设计和施工过程中,对建筑构件的选用需要考虑到材料、强度、稳定性、耐久性、防火性能等多方面因素,同时还需要符合当地的建筑规范和安全标准。因此,建筑师、结构工程师和施工人员都需要对建筑构件有深入的了解,具备专业的知识,以确保建筑物的质量和安全。

随着建筑技术和材料科学的不断发展,新的建筑构件和构造方式不断涌现,为建筑设计提供了更多的可能性和选择。例如,预制构件、绿色建筑材料、智能建筑系统等的应用,不仅提高了施工效率,还促进了建筑行业的可持续发展。

3.1.2　建筑构件的种类划分

建筑构件作为构成建筑物的基础单元,其种类丰富多样,分类方式也各不相同。在建筑领域中,构件的选择和应用直接关系到建筑的整体性能、美观度和实用性。

1. 按材料分类

在建筑行业中,不同材质的构件因其独特的性能和特点而得到广泛应用。

（1）木质构件。木质构件以其天然的质感和良好的加工性能，成为建筑领域不可或缺的元素。它们不仅用于构建梁、柱、地板和门窗等结构，还作为装饰元素为建筑增添美感（图3-6）。木质构件的保温隔热性能优越，还能满足各种建筑风格的需要。在未来的建筑发展中，随着人们对环保、节能和舒适性的要求不断提高，木质构件的应用前景将更加广阔。

图3-6　木质构件

（2）石质构件。石质构件以其坚固耐用的特性在建筑中占据核心地位。这些构件常用于承重和装饰结构，如墙体、柱子和台阶，赋予建筑物稳重、庄严的气质（图3-7）。石质构件的厚重质感不仅增强了建筑的稳定性，还提升了其整体的艺术价值。

图3-7　石质构件

（3）金属构件。金属构件以其高强度、轻质和易于加工的特性在建筑领域受到青睐。它们广泛应用于钢结构框架、屋顶和幕墙等结构中，为建筑提供稳固的支撑（图3-8）。金属构件的耐腐蚀性和可回收性使其成为绿色建筑的首选材料，有助于实现可持续发展目标。

（4）混凝土构件。混凝土构件作为现代建筑的主要材料之一，凭借其高强度、耐久性和施工便利性而广受欢迎。它们常用于制作梁、板、柱和墙等承重结构，为建筑提供坚实的基础。混凝土构件的多样性使其能够适应各种建筑设计和施工需求，为现代建筑的发展提供了有力支持（图3-9）。

图 3 - 8　金属构件

图 3 - 9　混凝土构件

木质、石质、金属和混凝土构件在建筑行业中各自发挥着重要作用,它们凭借各自独特的性能和特点,为建筑的安全、美观和可持续发展提供了有力保障。

2. 按功能分类

在建筑行业中,各类构件承担着各自的重要职责。

(1)结构构件。结构构件作为建筑物的核心支撑,承载着整个建筑的重量,如梁、柱、檩、椽等构件将荷载传递至基础,从而确保建筑结构的稳定性和安全性。这些构件的设计和施工均遵循严格的行业标准和规范,以保证建筑物的质量可靠和长期使用安全。

梁是传统建筑中重要的沿进深方向架在柱子上的矩形木结构构件,它承受着上面全部结构构件和屋面的重量,并将这些重量引导至两边柱子上(图 3 - 10)。梁的命名和檩的数量有关,如梁上架三条檩的叫"三架梁",依次类推有"四架梁""五架梁""六架梁""七架梁"等。

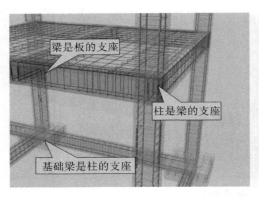

梁是板的支座

柱是梁的支座

基础梁是柱的支座

图 3 – 10 梁和板、柱的关系图

柱是传统建筑中起支撑作用的垂直结构构件(图 3 – 11),它的作用至关重要,承受并分散来自其上方所有物体的重量,并将力传给在其下方的地基。根据柱的位置和受力不同,可以将柱分为檐柱、金柱、中柱、山柱、童柱等几类。从外观上看,柱又可以分为圆柱和方柱两大类。

图 3 – 11 不同类型的柱子

檩是传统建筑中最基本的构件之一,它是架在梁头位置的沿建筑面阔方向的水平构件。其作用是连接固定椽子,并将屋顶荷载通过梁而向下传递。檩根据其在建筑中与梁的关系和柱的位置来命名,如檐柱之上的称檐檩,金柱之上的称金檩,中柱之上的称脊檩(图 3 – 12)。

螺钉直接连接固定

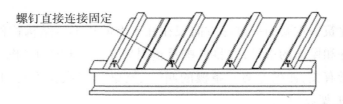

图 3 – 12 屋面底层板与檩条连接

椽钉于檩之上,承受整个屋面之上的荷载,并将荷载均匀地传给檩、梁、柱等大型木构件。椽根据其在建筑中的位置,可分为檐椽、飞椽、花架椽、脑椽等(图 3 – 13)。

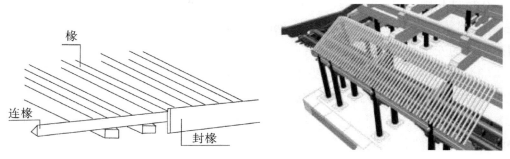

图 3 – 13　椽

(2)围护构件。围护构件如外墙、屋顶和门窗等(图 3 – 14),负责分隔室内与室外空间,具有保温隔热、防水防潮等多重功能。这些构件不仅具有实用性,还能通过多样化的材料和形式,为建筑物增添独特的美学价值。

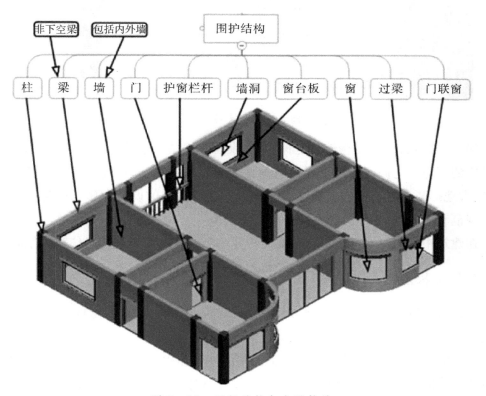

图 3 – 14　围护结构包含的构件

具体来说,外墙是围护结构的主要部分,其材料和设计直接影响建筑的保温隔热性能。窗户、阳台和门则是围护结构中的透明部分,它们起到了自然采光、通风、保温、隔热的作用。外门则是围护结构的开口部分,既要方便人员进出,又要保证建筑

的密封性和安全性。

在设计和施工过程中，围护结构的选择和安装需要综合考虑多种因素，如当地气候条件、建筑使用功能、工程造价等。同时，也需要遵循相关的建筑规范和标准，确保围护结构的安全性、稳定性和功能性。

（3）装饰构件。装饰构件则更多地关注提升建筑物的审美价值。它们通过雕塑、壁画、装饰线条等元素，美化建筑物的外观和内部空间，增强建筑的艺术氛围，提高居住者的生活品质（图3－15）。在设计和施工过程中，装饰构件需与建筑整体风格相协调，确保美观性和实用性的统一。

图3－15　装饰构件

（4）功能构件。功能构件如电梯、空调设备和消防设施等，为建筑物的使用提供了必要的保障。它们通过提供便捷的垂直交通、舒适的室内环境以及安全的消防措施，极大地提高了建筑物的舒适性和安全性。这些构件的设计和施工同样需要遵循相关规范和标准，以确保其正常运行和使用安全。

在建筑中，各类构件协同作用，共同构建一个既安全又美观的居住和工作环境。

3. 按形状分类

在建筑领域中，构件的类型多种多样，每种类型都具备其独特的特点和应用场景。

（1）直线构件。直线构件以其简洁明快的外观和相对简单的施工流程，成为众多建筑项目中的优选。无论是直线梁还是直线柱，它们不仅能够满足基本的建筑需求，还因其成本效益而广受青睐（图3－16）。

（2）曲线构件。曲线构件以其独特的形态为建筑注入了柔和与流动之美。弧形梁、弧形墙等曲线构件，常见于追求艺术效果和空间感的建筑项目中，为建筑赋予了更多的艺术性和情感色彩（图3－17）。曲线构件施工难度较大，需要施工人员具备较高的技术水平和丰富的经验。

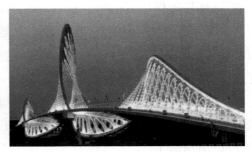

图 3-16　直线构件　　　　　　　　图 3-17　曲线构件

（3）组合构件。在复杂多变的建筑需求中，组合构件展现出了其强大的适应性。这类构件由多个不同形状和功能的单一构件组合而成，可以根据设计需求进行灵活的配置和变化，从而实现多样化的功能和效果。设计和施工过程中必须充分考虑构件之间的协调性和整体稳定性，以确保整个建筑的稳固和安全。

（4）异形构件。异形构件则以其不规则或特殊的形状打破了传统建筑构件的局限，为建筑带来了前所未有的视觉效果和空间感受。异形幕墙、异形屋顶等异形构件，常见于追求创新和个性化的建筑项目中，展示了建筑师对于建筑材料和技术的深刻理解和创新应用（图 3-18）。这些构件的施工不仅需要高超的技术水平，还需要创新思维的支撑。

图 3-18　异形构件

3.1.3　不同阶段的建筑构件

在建筑的不同阶段，建筑构件的定义和用途会有所不同。在设计和规划阶段，建筑构件是构成建筑整体结构和外观的基本单元；在施工阶段，它们是实际施工的对象，通过组装和连接这些构件，最终完成建筑物的建设。

（1）前期准备阶段。建筑构件在前期准备阶段主要有项目可行性研究、工程规划

设计、施工组织设计、施工图设计、施工方案编制、施工许可申请等工作。这一阶段的主要目标是确保项目的顺利进行，并为后续工作奠定坚实基础。

（2）材料采购与构件生产阶段。在这一阶段，建筑构件会根据设计方案和施工图纸，采购所需的建筑材料，并进行构件的生产。这些构件可能包括梁、板、柱等，它们将构成建筑物的主体结构。

（3）建造施工阶段。此阶段包括基础施工、主体施工和装饰施工等多个环节。基础施工主要涉及地基处理、基坑开挖等工作，为建筑构件提供稳定的支撑。主体施工则包括结构施工、主体构件的安装等，以完成建筑物的主体结构。装饰施工则是利用装饰构件对建筑物进行内外装饰，提升美观度和使用舒适度。

（4）运营与维护阶段。建筑物在投入使用后，需要对建筑构件进行日常的运营和维护工作。这包括定期巡检、设备维护、清洁等工作，以确保建筑构件的正常运行和延长使用寿命。

此外，建筑构件的生命周期还涉及拆除与处理阶段，当建筑物达到使用寿命或需要进行改造时，需要对建筑构件进行拆除和处理，以实现资源的再利用和环境的可持续发展。建筑构件从前期准备到最终拆除处理，每个阶段都有其特定的工作内容和目标，最终构成了建筑项目的完整生命周期。

3.2　建筑构件的生产

3.2.1　生产要求

1. 生产质量管理要求

（1）在混凝土构件生产加工与现场装配的过程中，需要监理人员全程旁站监督。

（2）混凝土构件进行生产之前，需要根据具体的要求进一步深化设计，要求生产技术人员设计出各种类构件的结构拆分图与构件加工图。同时，还应规定预制构件从生产到安装全过程的使用规范与操作要求：①规范标识符号体系；②核验确定待生产加工构件的类型、数量、尺寸、重量等指标，以减少意外情况的发生；③需专业的技术人员设计出各构件的模板图、配筋图、节点图与预埋件、预留孔洞位置图，实现精细化的生产加工；④应明确预制构件各项生产工序的具体技术要求。

（3）构件生产加工企业应针对质量、安全问题制定严格的质量管理体系与安全监督体系，在构件的质量与安全检测过程中也应建立严格的检测标准与规范，防止构件出现质量与安全问题。

（4）构件成品出厂前需要经过严格的质量检查,检验合格后需要监理单位人员签署合格证,并标明该构件的加工日期、编号与加工单位等详细信息。

2. 生产安全方面要求

（1）构件生产承包单位应对预制构件生产作业人员及相关工作人员进行安全培训,并针对构件生产加工所需材料的进场与卸料,以及构件成品堆放清理等各个阶段的风险制定针对性措施,以防止意外情况的发生。

（2）预制构件生产完成后,应按规定分批次分种类存放,并采取防倾覆措施,避免造成人员伤害或财产损失。

（3）应定时派专门人员对生产相关器具进行安全质量检查,若发现质量缺陷应停止使用。

3. 环境保护方面要求

（1）用于构件表面进行标识的材料需为绿色无污染的材料,或采用塑料薄膜进行贴图,方便清除。

（2）预制构件生产存储过程中应采用减少扬尘的措施。

3.2.2　生产模式

由于构件制造厂商的规模、经营状况与管理模式都不尽相同,因此需要根据自身的实际情况选择适宜的预制构件生产模式。一般情况下,构件生产组织形式主要有两种:固定型生产模式与流水型生产模式。

（1）固定型生产。固定型生产是指预制构件从始至终处于固定位置上进行生产加工操作,即在同一地点,根据工序的排序,采取不同的施工工艺依次进行加工,通过变更加工设备与人员操作来进行构件制造,工人需要在指定的位置上完成所有制造工序,直至最后构件拆模并清理完成后,进行下一个构件的模板安装工序。固定型构件生产模式具有便于管控、人员调度简单的特点,但是在生产过程中会造成大量人力资源、机械资源与空间资源的无效占用,且资源协调难度大。基于以上特点,固定型预制构件生产模式主要适用于小规模生产以及结构复杂的特殊异形构件生产。

（2）流水型生产。流水型生产则需要依据预制构件的生产工序,将生产车间整体划分为专业的生产区域,不同区域中根据施工工艺不同配备不同的设备与专业工作队伍。待加工构件需要在生产流水线上进行流水式生产,即构件的不同工序需要在不同的生产场地按顺序进行加工。因此,流水型的生产模式常应用于构件类型与型号需求稳定、标准化程度高且需求量大的构件生产中。该生产模式可有效提高机械

与人工的使用效率,减少因排队等待而造成的无效等待时间,从而使生产活动更可控。同时,流水型的生产模式还具有较强的工艺适应性,可通过生产布局的调整来适应不同类型与尺寸的构件生产。

3.2.3　生产流程

(1)模具清理与安装。为使预制构件成品表面平整,且易于拆模,在生产加工前首先应对二次使用的模板与模台进行清理操作。模台清理通常先利用专用的模台清理设备进行大面积的清理工作,清除表面的残余混凝土杂质,针对角落难以清理的部位需要人工利用扁铲进行清理,完成后利用泡沫进行二次清理,清除表面浮灰。清理模板时需要将模板表面以及接缝位置的残余混凝土清理干净,并在其表面涂刷隔离漆,防止对模板造成腐蚀伤害,延长模板寿命。模板的安装过程对安装精度的要求较高,需要对照深化设计图纸仔细核对模板位置,安装完成后还应仔细核查其牢固程度,对出现的偏差及时进行纠正。模具清理与安装工作属于可间断工序,其工作进程可随时暂停。

(2)钢筋绑扎与预埋件安装。模板清理安装完成后需要依照图纸确定钢筋、预埋件及预留孔洞位置与尺寸,并画出基线,进而根据放线结果安放钢筋笼及预埋件。安装完成后应组织专人对绑扎与安装的精准度与牢固性进行检查,以确保钢筋及预埋件的位置准确、质量可靠。

(3)混凝土浇筑振捣。混凝土浇筑前需要核对混凝土型号与添加剂的种类与用量是否符合生产技术要求,浇筑过程必须连续进行,不能中断,否则可能会出现冷缝。倾倒混凝土的过程应该均匀,不得发生聚集性倾倒。在浇筑阶段应持续振捣混凝土,直至表面出现浮浆,且再无气泡产生,以防止构件表面产生蜂窝麻面。

(4)混凝土养护。混凝土构件的常用养护方式包括自然养护与蒸汽养护。在选择养护方式时需要考虑到构件种类、工期、养护环境与养护成本。一般情况下养护时间应大于4小时,且养护程序一旦启动,中途就不可间断,否则会严重影响预制构件的强度与刚度,因此混凝土养护工序属于不可间断工序。

(5)构件成品清理与摆放。预制构件养护及拆模完成后需要对构件的养护情况进行检查,对其表面进行清理,根据构件质量情况可对其出现的轻微质量问题进行现场二次处理。检查合格的构件应利用起吊运输设备进行吊装,并运送至指定场所进行堆放。构件堆放时应考虑构件种类、尺寸与检验状态,分批分类进行摆放,其堆放的层数及方式应考虑构件受力特点、形状以及自重,并设立临时的加固措施,防止倾覆。

3.3　建筑构件的施工与安装

3.3.1　施工安装流程

1. 前期准备

（1）设计评审：对设计方案进行审查，确保其符合建筑要求和相关标准。

（2）合同签订：与施工单位签订施工合同，明确双方的权利和义务。

（3）材料选购：根据设计要求选购合适的材料和设备，确保施工安装的质量和可靠性。

（4）设计方案确定：明确施工安装的具体方案，包括施工顺序、安装方法等。

2. 施工准备

（1）施工组织设计：根据具体的工程要求和现场实际情况，合理安排施工组织和施工流程。

（2）施工方案编制：制订详细的施工方案，包括施工方法、施工设备、安全措施等。

（3）施工准备：检查施工场地、设备、材料等是否满足施工要求，确保施工顺利进行。

3. 安装调试

根据设计方案，对各类设备和构件进行安装和调试工作。这包括电气设备、给排水设备、暖通设备、通风设备、消防设备等。安装调试过程中，需要特别注意施工人员和设备的安全。

4. 验收调试

对已经安装和调试完成的设备和构件进行验收和试运行，确保设备和构件的正常运行和安全可靠。验收调试过程中，需要记录相关数据，以便后续维护和保养。

5. 竣工验收

在施工安装工作完成后，进行综合验收和竣工验收。验收合格后，即可交付使用。

3.3.2　施工安装的关键技术

1.建筑构建起吊技术

装配式建筑的吊装工作要求进行连续的施工操作,尽可能防止出现施工中断的现象。准备工作如下。

(1)吊装前,利用墨盒等工具在主体结构柱、墙等部位划好控制线,确保预制构件的定位夹具正确安装。

(2)综合测试预制件起重装备的使用性能,首先要对起重设备进行安全性检验,并对吊索质量、吊杆承载力等方面的性能指标进行测试,当检查到绳索等部件存在质量问题时,要立即通知机器维护人员对其进行彻底的检修和维护。

(3)为预制件的装配提供必要的装配工具,如伸缩螺钉、扳手、斜拉杆等。

(4)对预制件的埋入注浆套管进行质量检验,以保证其在预制件的吊起和安装前的质量合格,并请质检员做渗透试验。

(5)在施工区可视范围内安装经纬仪、水平仪等计量仪器,以便对预制件的吊装过程进行计量,避免吊装过程中产生偏差。

(6)在吊装预制件前,要组织工人对预制件的安装点进行润湿,并由质检人员检验预制件的外部贯通孔,确保预制件的透气性。

2.叠合板预制件安装技术

对叠合板进行安装时,要对它与工作层之间的距离进行控制,通常为 300 mm,还要对叠合板的安装中心和方向进行清晰的定位,并预留出一定的空间。在叠合板预制件安装的质量控制方面,需要保障安装的位置以及方向正确,在预制板吊装的过程中可以选择模数化吊装方式。安装时需要避免激烈碰撞的情况发生,需要检查叠合板是否存在损坏的问题,如若存在要及时更换。通常情况下,临时支架的位置为150 cm。在叠合板吊装施工完成之后,需要将临时支架进行拆除,拆除之前应检查吊装施工是否具有稳定性,是否具备拆除条件。

3.吊装工艺技术

(1)起重装置应选用组合式承重墙体预制件。

(2)风力大于 5 级时,吊运作业必须使用拉风索。

(3)在吊装承重壁预制构件时,必须严格限制工人的动作,直到预制构件离作业面有 1 m 多的距离时,工人才能靠近,以免在施工中发生安全事故。

（4）在起吊时，若发现墙底衬套未对齐，可采用人工调节，并对墙的调节范围进行小圆镜测量，使墙的拼装质量和拼装效率得到提高。

（5）在吊装承重墙预制件时，一定要有实时的施工记录资料，如记录施工过程中预制件产生的偏差，技术人员要根据这些资料进行分析，并积极探索解决方案。在混凝土浇筑之后进行位置复核以及微调，控制钢筋预留位置和套筒位置，保障安装质量。

3.3.3　建筑构件堆放要点

在吊装构件的过程中，要按照构件吊装平面布局图所示的位置进行堆放，避免二次倒装的情况发生。零件的堆垛应按零件的刚度、受力情况和零件的外部尺寸进行水平放置或垂直放置。组合式墙体板件通常采用直立放置，并将其储存在专门的固定架上；堆场的地面应平坦坚固，有良好的排水系统，以免不均匀的沉降引起构件倾覆、损坏。

构件要按照项目名称、型号、吊装顺序分类堆放，堆垛不超过吊车的高度。对横向刚性差、重心高、支撑面窄的构件，堆垛时除在两端各垫一块方木外，还应在两侧各加一块撑木，或采用专用的收纳架。每一层的垫板都要紧贴着吊圈的外部，并且要在同一竖线上。当构件堆积在一起时，每一层的支撑点都要牢固，下面构件的支撑区域也要按地板的承压来决定。预制件进场时，要对质量进行严格把关，按照《装配式混凝土结构技术规程》的有关要求，做好进场验收工作；对有质量问题或尺寸偏差的零件，应立即撤离现场，并做好撤离程序，保存档案。

3.3.4　拼装连接技术要点

在预制件施工的过程中，装配式建筑一般采用机械式和现浇式两种连接方式来连接预制构件。这两种方法都有各自的优势，要根据组合施工的特点来选择。机械式的预制构件连接方式可使构件直接连接更加稳固，仅适用于预制构件内部钢筋强度高的情况。现浇式预制构件的连接方式适用于预制构件连接范围较小的施工情况，需要注意这种施工方式出现的漏浆、溢浆问题，还需确保模板的稳定性以及密封性。

3.3.5　施工安装的实施要点

1. 合理规划

依据设计方案和施工要求，制订详细的施工计划，合理规划施工工序和施工

时间。

2.严格控制

严格按照设计要求和技术标准进行施工,确保设备和构件的安全可靠,杜绝隐患。

3.合理安排

合理安排施工人员,确保施工安装的顺利进行。同时,加强人员培训与管理,提高施工人员的技术水平和安全意识。

4.设备保养

定期检查和维护设备,确保设备的正常运行。

通过以上流程、关键技术和实施要点的详细解释和归纳,可以清晰地了解建筑构件的施工与安装过程。在实际操作中,需要严格按照相关标准和要求进行操作,确保施工安装的质量和安全性。

第4章

建筑部品

4.1 建筑部品概述

4.1.1 建筑部品的相关概念

1.建筑部品

"部品"一词是源于日本住宅文化中的术语,有多个方面的解释:①比较容易从建筑物里分解出来的非物质体;②工厂制造的产品;③可以通过标准化和系列化的手段独立于具体的建筑物,实现商品流通;④应具有适合于工业生产与商品流通的附加价值。

建筑部品是指工业化生产、现场安装的具有建筑使用功能的建筑产品,通常由多个建筑构件或产品组合而成。建筑部品包括但不限于外挂墙板、保温墙、预制板、叠合梁、预制楼梯和叠合楼板等。这些建筑部品通常是在工厂中制作成半成品,然后运输到施工现场进行组装(图4-1)。

图4-1 建筑部品组装

2.建筑部品化

建筑部品化即运用现代化的工业生产技术将柱、梁、墙、板、屋盖甚至是整体卫生间、整体厨房等建筑构配件、部件实现工厂化预制生产,最后将其运输至建筑施工现场进行"搭积木"式的简捷化的装配安装来完成建筑工程(图4-2)。

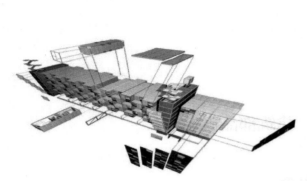

图4-2 部品装配安装

4.1.2 建筑部品的主要分类

目前国内对装配式建筑部品和构配件分类尚未达成统一共识。装配式建筑部品和构配件分类散见于相关标准中。本文将按照装配式混凝土建筑、装配式钢结构建筑、装配式木结构建筑三种结构体系进行分类并分别介绍。

1.装配式混凝土建筑

装配式混凝土建筑分为三部分,即部品、预制件及配件(表4-1)。其中,部品分为装饰件、内装修部品、预制墙板、功能性盒子房、装配式给排水设备及管线系统、装配式电气和智能化设备及管线系统;预制件分为预制梁、预制柱、全预制剪力墙板、夹芯保温墙板(结构体系用)、双面叠合墙板(结构体系用)、预制楼板、预制楼梯、预制阳台、预制凸窗、预制空调板、预制女儿墙、预制基础;配件分为连接件、锚固件、预埋件。

表 4 - 1　装配式混凝土建筑分类

类别	名称		
部品	装饰件		
	内装修部品	内隔墙	
		吊顶	
		地面	
		墙面	
		整体厨房	
		整体卫浴	
	预制墙板	夹芯保温墙板(围护体系用)	
		双面叠合墙板(围护体系用)	
		轻质预制条板	
		预制外墙挂板	
	功能性盒子房		
	装配式给排水设备及管线系统		
	装配式电气和智能化设备及管线系统		
预制件	预制梁		
	预制柱		
	全预制剪力墙板		
	夹芯保温墙板(结构体系用)		
	双面叠合墙板(结构体系用)		
	预制楼板		
	预制楼梯		
	预制阳台		
	预制凸窗		
	预制空调板		
	预制女儿墙		
	预制基础		
配件	连接件	钢筋机械连接接头	
		套筒灌浆连接组件	
		保温拉结件	
	锚固件		
	预埋件	吊装预埋件	

2. 装配式钢结构建筑

装配式钢结构建筑分为三部分,即部品、钢构件、配件(表4-2)。

表4-2 装配式钢结构建筑分类

类别	名称		
部品	装饰件		
	内装修部品	内隔墙	
		吊顶	
		地面	
		墙面	
		整体厨房	
		整体卫浴	
	预制墙板	夹芯保温墙板(围护体系用)	
		双面叠合墙板(围护体系用)	
		轻质预制条板	
		预制外墙挂板	
	功能性盒子房		
	装配式给排水设备及管线系统		
	装配式电气和智能化设备及管线系统		
钢构件	钢柱	型钢柱	
		组合柱	
	钢梁	型钢	
		组合梁	
	钢架	管架	
		型钢架	
	钢填	钢板填	
		组合钢板填	
	楼板	轻钢楼板	
		组合楼板	
	钢支撑	单斜杆	
		十字交叉斜杆	
	索结构		
	钢拉杆		
	钢网架		
	钢楼梯		
	防护栏杆及钢平台		

类别	名称
配件	螺栓
	高强螺栓
	螺母
	螺钉
	焊条

3. 装配式木结构建筑

装配式木结构建筑分为三部分,即部品、木组件、配件(表4-3)。

表4-3　装配式木结构建筑

类别	名称		
部品	装饰件		
	内装修部品	内隔墙	
		吊顶	
		地面	
		墙面	
		整体厨房	
		整体卫浴	
	预制墙板	夹芯保温墙板(围护体系用)	
		双面叠合墙板(围护体系用)	
		轻质预制条板	
		预制外墙挂板	
	功能性盒子房		
	装配式给排水设备及管线系统		
	装配式电气和智能化设备及管线系统		
木组件	楼盖	轻型木楼盖	
		正交胶合木楼盖	
	木梁	层板胶合木	
		旋切板胶合木	
	木柱	层板胶合木	

类别	名称		
木组件	墙体		轻型木剪力墙
			正交胶合木剪力墙
			本骨架组合墙体
	桁架		平行弦桁架
			三角桁架
	木屋盖		
	木支撑		
	木楼梯		
	木阳台		
配件	连接件		搁栅连接件
			填角抗拔锚固件
			墙角抗拔锚固件
			齿板
			紧固件
			剪板

4.1.3 建筑部品的特征

1. 标准化

建筑部品有一个共同特点,就是总有一定的标准规范部品的种类与系列,只有标准的部品才是工业化部品。各部品的标准化保证了施工安装的高效性。建筑部品的标准化分为部品生产的标准化和部品施工的标准化。组成建筑的各建筑部品如墙体部品、门窗部品、楼梯部品等均为工厂生产的标准化部件,并采用装配式的施工方法建造而成。由于建筑部品的工厂化生产,使得现场作业负担大大减轻,从而易于实现标准化的现场施工。

2. 通用化

建筑部品的通用化是通过某些使用功能和尺寸相近的部品的标准化,使该部品在建筑的许多部位和纵、横系列产品间通用,从而减少部品的种类和数量,有利于降低成本,形成规模化工业生产。很大程度上建筑部品的通用性和标准化是相辅相成的,当部品标准化了,通用性就大大提高。

3. 功能多样性

建筑部品是系统的组成基础,也是模块化开发的基本单元。根据人们的需求变化和城镇化、产业化发展的变化,建筑部品在遵循标准化的生产原则下,可以持续开发多种功能和业态的产品供市场选择。

4. 接口通用性

依赖于统一的模数要求,若干个建筑部品单元可以按照制定好的规则组装成一个功能整体,因此部品之间的接口就要求具有通用性。部品构件的替换、增加或移除也基于其标准化的接口设计。

5. 系列化

系列化的建筑部品便于建筑在建造过程中的多样化选择,它是工业化建筑部品的一个重要特征,也是标准化、通用化的必然结果。以整体浴室为例,形状上分有弧形、方形,尺寸上常有 1200 mm×800 mm、1000 mm×1000 mm 等多个系列。建筑部品的系列化,让设计有了更大的自由度。

6. 规模化

建筑部品是工厂大规模生产的产品,与施工现场手工、半手工建造的产品不同,建筑部品是工厂制作的成品、半成品,只需运至施工现场进行简单组装就可实现应有功能。规模化的生产降低了工业制造的成本,批量化的产品满足了建造的需求。

4.2　建筑部品体系

4.2.1　建筑部品体系概述

1. 标准化建筑体系概念

标准化建筑体系把部品生产和施工分割开来,把传统建筑中大部分施工现场的作业转移到工厂,从而形成许多各自独立但又相互依存、相互协调的工厂、企业部门。完善的建筑部品体系是在综合我国国情的情况下,符合标准化、模数化、通用化并且满足配套协调的要求,可以有效指导生产和发展,从而更快速地促进建筑工业化发展。

2. 标准化建筑体系优势

标准化建筑体系的标准化程度越高,产品规范对部品的约束性就越强,如果要广泛应用标准化建筑体系,那么就需要把它制定为开放、开源的体系,使其具备自更新能力。部品根据指引导则互相组装,可以构建出形式、功能多样化的住宅,为使用者个性化需求提供了指引。标准化建筑体系与传统的专用体系相比有以下优势:

(1)降低生产成本。高度机械化和工厂化生产的标准建筑部品可以按照母本模板进行工业化生产,节约了原本各个模组的开模费用,提高了生产能效。

(2)提高管理和建造效率。部品模块在初始设计时就划分好规格和产品系列,建筑师可以直接挑选部品,不用单独设计。同时,在现场安装只需要按照接口规格进行现场拼装即可完成成品住宅,避免了专用体系的多规格部品组装工序。

(3)可以成为建筑产业化内驱动力。专用体系中各个专业科目均保持自有的规则逻辑,而标准化体系可以从工业生产的主体结构与维护部品,延伸到功能及设备部品的标准化,最终甚至可以实现涵盖二次改造在内的全生命周期工业化。

(4)建造过程形成逻辑关系。以往建筑设计工作者花费大量的精力投身于细部构造的绘图工作中,往往忽视了用户的需求和部品设计之间的逻辑关系,采用标准化建筑部品体系可以直接参考部品评价和分析,集中精力攻克方案难题。

4.2.2 建筑部品的技术体系

建筑部品的技术体系是建筑工程中不可或缺的重要组成部分,它不仅仅是各类构件、材料和设备的技术规范和标准的简单堆积,更是一项综合性的系统工程,涵盖了从构件设计、生产、安装、使用到维护等全过程所涉及的各项技术要求和流程。

1. 技术支持体系

建筑部品的技术支持体系包括集成化技术、标准化技术、新型结构技术、新型材料技术以及部品的物理、环境性能技术等。例如集成式厨房、卫生间等性能选择和系列化配置;住宅设备和管道的集成技术等。

2. 构件设计与工程审查

建筑部品的构件设计(图4-3)需要综合考虑结构强度、稳定性、耐久性、防火性等多方面因素。设计师在进行构件设计时,不仅需要根据具体的使用需求和环境条件进行合理选择,还需要进行工程审查,确保设计方案符合相关法规和标准要求,从而保障建筑安全。

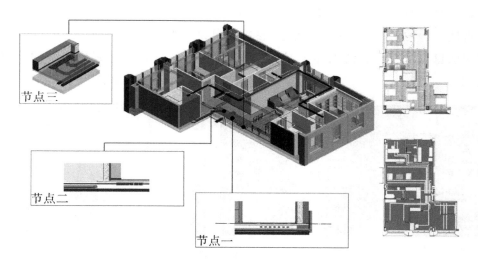

图4-3 建筑部品的构件设计

3. 材料选择与绿色环保

在选择建筑部品所使用的材料时,不仅要考虑其力学性能、耐久性等传统因素,还需要重视绿色环保和可持续发展的要求。因此,材料选择不仅要符合相关国家标准和行业规范,还要尽可能选择可再生材料或符合环保标准的材料,以减少对环境的影响(图4-4)。

图4-4 绿色模块化建筑体系

4. 精益生产与数字化制造

建筑部品的生产工艺需要不断优化和改进,以提高生产效率、降低成本、提升产品质量。精益生产理念和数字化制造技术的应用可以实现生产过程的精细化管理和智能化控制,从而更好地满足市场需求。

在参数化加工方面,数字化制造的应用可以很好地对建筑部品进行精确的设计加工,在虚拟的环境中更好地模拟建筑部品的材料选择以及构造形式等,使设计师可以直观地了解建筑部品的形式、构造、参数信息,而对于相关的部品企业则可以很好地利用信息技术对部品精细加工,提高建筑部品的质量并满足客户特定的要求(图4-5)。

图4-5 数字化转型

在施工算量方面,目前精益生产与数字化制造技术配合专业算量软件进行后期处理可以达到精确算量的要求。在实际应用中,根据设备算量的需求,可以进行设备、管线的材料分类定义、归集统计的工作;根据精细化管线综合的需求,可以添加支吊架的建模等。同时,幕墙、钢结构等专项施工还可对信息模型有更细致的要求。

5.施工管理与技术培训

在建筑部品的安装与施工过程中,施工管理起着至关重要的作用。通过科学合理的施工组织和严格的质量控制,可以有效避免施工过程中出现的问题和安全隐患。同时,还需要加强施工人员的技术培训和管理,提高其安全意识和技术水平,确保施工质量和安全。

6.智能化运维与大数据分析

建筑部品的使用与维护阶段需要借助智能化技术和大数据分析手段,实现对建筑部品运行状态的实时监测和数据分析,及时发现和解决潜在的问题,提高建筑设施的可靠性和可用性,延长其使用寿命,降低维护成本。

7.流通供配体系

部品流通供配体系是建筑部品流通过程中由生产制造商、分销商、零售商和配送集团等所构成的链状结构或网络结构的体系。它可以使建筑部品在工业化方式生产出来后尽快应用到实际工程中,以减少库存和损耗,并保证各部品间的标准协调。部品流通供配体系的产生是建筑产业发展的必然趋势(图4-6)。

目前由于我国产业化水平较低,建筑部品的起步较晚,流通供配体系的研究与应用还较为落后,不能满足未来建筑产业化消费的需求,而且由于建筑部品的重量、体积相差较大,种类标准繁多,又分属不同的行业,所以建立新的流通供配体系和渠道十分必要。建筑产业化的要求从根本上改变了原有的建筑产业结构,也对部品流通方式产生了重大影响。

图 4 - 6　流通供配体系

4.2.3　工业化住宅的功能集成

建筑部品体系与工业化住宅之间存在密切的关系,工业化住宅建筑是通过工业化、标准化的方式生产和建造的住宅。建筑部品体系为工业化住宅提供了标准化的部件和系统,从而实现了住宅建筑的模块化、工艺化和自动化生产。

工业化住宅的功能集成是指在建筑设计和施工过程中,将各种功能要素集成到建筑中,体现现代住宅的多功能性,综合考虑面积、数量、质量、室内外环境,以满足人们居住和精神的需求,并力求在较小的空间内创造较高的生活舒适度,同时,住宅还应满足全寿命周期内的功能质量。所以,功能集成应满足住宅适用性、安全性、耐久性和经济性要求,建立完善的外部生态景观环境、技术环境和服务管理功能等。工业化住宅系统功能集成具体包括:住宅适用性能集成、耐久性能集成、安全性能集成、智能化性能集成、节能环保性能集成、社区环境性能集成等。

1.适用性能集成

适用性主要是指适合居住者使用的性能,具体可分为基本性能和舒适性能两类。

(1)基本性能是住宅的固有性能,包含了建筑热工、声学环境、采光、空气质量等方面内容。

(2)舒适性能则是住宅在满足了基本功能后追求舒适所体现的住宅附加的性能,表现在居住空间的塑造和相互之间的联系与分隔、厨卫功能设计、各种设备和设施的

配置、面积和尺度等方面。

2. 耐久性能集成

住宅的耐久性是住宅最基本的性能，住宅的耐久性包括住宅建筑主体结构的耐久性、设备管道的耐久性以及住宅的防水性能等。其中主体结构的耐久性包括支撑结构的耐久性和围护结构的耐久性，防水耐久性能包括外墙防水、厨房卫生间的防水等。耐久性能的集成就是要研究以上各种耐久性能的关联，通过彼此的相互协调与制约来达到整体的耐久性能。

3. 智能化性能集成

智能化性能是工业化住宅的一个重要特点，其核心是智能家居控制系统（图4-7）。这一系统利用先进的科技手段，如手机App或语音助手，使居民能够轻松地远程控制和自动化管理住宅内的各种设备。无论是调节照明亮度、控制室内温度，还是监控安防设备，用户只需轻轻一指或简单语音命令，即可实现。用户无论是身在家中还是外出在外，都能通过智能化系统随时随地监控和管理自己的住宅，这种便捷的操作方式不仅提高了居住舒适度，也增加了生活的便利性。

图4-7 智能家居系统

4. 安全性能集成

工业化住宅在安全方面也做了大量的工作，其中一项重要的措施就是集成安全监控系统。这一系统包括了门禁系统、监控摄像头、烟雾报警器等多种设备，它们相互配合，构建起一道坚实的安全防线。门禁系统能够有效控制住户进出，防止陌生人进入；监控摄像头则实时监测住宅周围的情况，提高了对周边环境的警惕性；而烟雾报警器则能及时发出警报，提醒居民处理火灾等紧急情况。这些安全设备的集成运行，大大提高了住宅的安全性，让居民在家中能够更加安心和放心。

住宅的安全性能首先是防火，住宅设计与施工应严格遵守建筑标准法和消防法等其他有关规定,同时还应加强燃气设备等使用的安全性。另外防盗安全也是安全性能集成的重要内容(图 4 – 8)。

图 4 – 8　住宅防火

5. 节能环保性能集成

工业化住宅的节能环保得益于采用了一系列环保建材和设备。其中,保温材料的应用有效隔绝了室内外温度的传导,减少了冷热交换,降低了采暖和冷却能耗;太阳能光伏板则利用太阳能转化为电能,为住宅提供清洁的能源来源,同时减少了对传统能源的依赖,降低了能源消耗和碳排放;而雨水收集系统(图 4 – 9)则将雨水储存并加以利用,用于灌溉植物、冲洗马桶等,不仅节约了自来水资源,还减少了雨水径流对城市排水系统的压力。这些环保措施不仅能够有效减少住宅的能源消耗和碳排放,降低环境污染,还能提升住宅的室内环境质量,为居民创造一个清洁、舒适的生活空间。

图 4 – 9　住宅的雨水收集系统

6. 社区环境性能集成

户外居住区的环境,包括室外设施、道路停车设施、园林绿化、垃圾贮存与处理等小区配套部品的集成等(图4-10至图4-13)。室外设施包括社区的公共空间、广场、游乐设施等,要考虑到实用性和安全性,从而满足居民休闲娱乐和社交活动的需求。道路停车设施需设计合理的道路布局和停车设施,确保居民和访客有足够的停车位,并且便于停车和行车,减少交通拥堵和安全隐患。将园林绿化与室外设施相结合,打造绿荫环绕、景色宜人的社区环境。在公共空间设置休憩区、健身设施等,让居民在欣赏自然美景的同时,也能享受到休闲娱乐的乐趣。通过以上方面的集成考虑和综合实施,可以优化户外居住区的环境性能,提升社区整体品质,创造宜居、宜业、宜游的生活环境。在社区规划和设计阶段考虑垃圾贮存与处理设施的设置位置和容量,确保其与居民生活区域的合理距离,并采取有效措施处理垃圾,保持社区环境的清洁、整洁。

图4-10　社区娱乐设施

图4-11　社区停车位

图4-12　社区垃圾分类

图4-13　社区绿化

4.3　工业化建筑部品

4.3.1　工业化建筑部品的定义及分类

1. 工业化建筑部品的定义

工业化建筑部品是指在建筑领域中,通过工业化生产的各种构件和材料,用于建筑物的构筑和装饰,这些部品经过标准化生产,能够提高建筑施工效率、降低成本,并且保证建筑质量和可靠性,是建筑领域中的重要组成部分。

2. 工业化建筑部品分类原则

目前有关工业化建筑标准化部品和构件的分类方法较多,且有多个相关分类标准。具体分类原则如下:

(1)工业化建筑标准化部品和构件参照现行国家标准《建筑信息模型分类和编码标准》GB/T51269YG2017 的分类方法。

(2)按照工业化建筑标准化部品和构件的安装位置和功能,将部品和构件分为结构构件、外围护部品、内装部品和设备管线四大类。

(3)工业化建筑标准化部品和构件分类按层级依次分为"大类""中类""小类"和"细类"。

(4)工业化建筑标准化部品和构件的各层级之间的逻辑关系应符合相关分类标准规定,同一类目的下一层级类目应采用相同的划分标准。

3. 工业化建筑部品的种类

目前常见的工业化建筑部品包括预制门窗、预制墙体、整体厨卫间、预制楼梯、智能系统等。工业化建筑标准化部品和构件根据其在建筑中的空间位置及功能不同,分为结构构件、外围护部品、内装部品和设备管线四大类。

(1)结构构件。结构构件包含预制柱、预制梁、预制楼梯、预制剪力墙、楼板预制件和预制基础 6 个中类。每一中类下又把预制件划分为若干小类,其中预制基础根据目前的应用情况,仅仅列出预制混凝土桩和预制钢桩两个小类。楼板预制件则列出预制混凝土楼板和预制楼板底板两个小类,小类预制楼板底板中则含有预制混凝土叠合板、压型钢板及钢筋桁架楼承板等 3 个细类(图 4-14)。

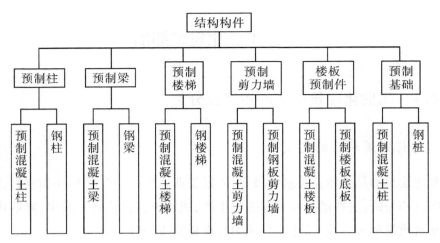

图 4 – 14　结构构件的中类和小类

（2）外围护部品。外围护部品包含墙板、门窗、屋面板、阳台空调构件及遮阳排水构件等 5 个中类。其中,屋面板仅列出民用建筑中常见的防水保温装饰一体化板;阳台空调构件包括空调板及阳台构件两个小类;遮阳排水构件则仅列出遮阳构件和排水构件两小类(图 4 – 15)。

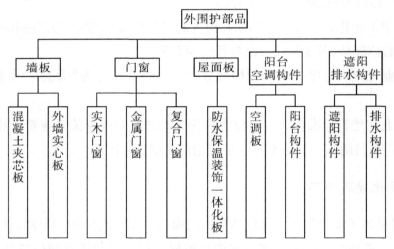

图 4 – 15　外围护部品的中类和小类

（3）内装部品。内装部品包含收纳系统、集成厨房、预制内隔墙、集成卫浴间及地面吊顶件等 5 个中类。收纳系统仅列出收纳柜一个小类;预制内隔墙则包含有空心隔墙板、实心隔墙板、夹芯隔墙板及轻钢龙骨隔墙等 4 个小类。集成卫浴间包含卫生洁具和整体卫浴间两个小类(图 4 – 16)。

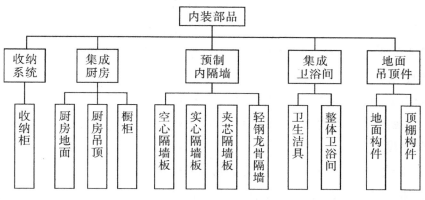

图 4 - 16　内装部品的中类和小类

（4）设备管线。设备管线包括 6 个中类,分别为给排水与消防设备、电气与照明设施、智能系统、暖通空调设备、燃气设备及电梯。由于设备管线所含内容较多,6 个中类下的小类和细类仅列出与建筑部品、结构构件直接接触或配套的设备管线产品（图 4 - 17）。

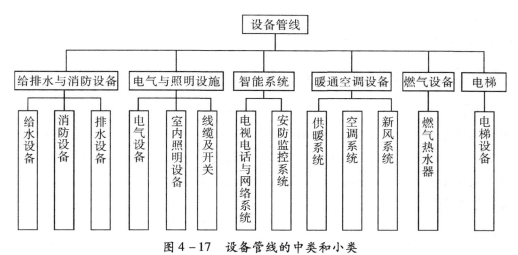

图 4 - 17　设备管线的中类和小类

4. 工业化建筑部品的发展现状

我国工业化建筑部品和构件尺寸模数不统一、标准化程度低,产品制造与工程应用技术要求不同,因而无法实现规模化高效生产和装配,需要研究建立并完善面向制造业和工程应用的工业化建筑标准化部品构件库和技术标准体系。目前我国建筑部品的发展有以下几点不足。

（1）部品标准化程度较低。一个完善的部品体系需要有相应的标准化制度,部品的非标准化生产让各体系部品在尺寸上缺少全国统一的标准,这就使得部品的工厂

化生产、机械化装配受到了阻碍,同时造成设计重复、施工重复的后果。利用 BIM 技术在一定程度上可以解决各体系部品尺寸不匹配带来的困扰,但此技术更应该成为工业化部品在整个产业链中的优化手段。建立完整具有权威性的部品标准化制度是今后研究的重点。

(2)部品认证体系不完备。我国的部品认证制度标准低、认证程序不规范且保险意识差。从我国国情角度出发,认证机构的建立首先应得到政府授权,确立其权威性,而后分区设立。

(3)工业化建筑模式单一,不能满足人们多样化的需求。

(4)工业化建筑部品存在造价偏高,经济性能低的问题。目前住宅部品的应用主要集中在装饰部品和设备部品,占部品建造成本比例最高的结构性部品的运用率极低。因生产成本高致使企业对住宅结构性部品的研发与生产都缺乏动力;生产技术较低以及部品生产不精细导致的部品生产和安装过程的人工费也很高。降低工业化建筑部品的生产安装成本可通过规范生产实现。

(5)部品能耗高。建筑部品能耗方面,受生产工艺和建筑材料种类影响,建筑部品存在能耗高,不利于工业化建筑可持续性发展的问题。宏观整体的分析研究建筑部品的能耗问题是今后我们所要努力的方向。

4.3.2 工业化建筑部品的特点

工业化建筑部品由工厂预制加工生产,达到满足规定的龄期及强度要求后运至施工现场进行安装。工业化建筑部品可以有效减少现场的湿作业环节,并规避了因施工工序要求而带来的施工间歇等问题,且不受季节的影响,四季均可正常施工;同时可大大减少施工现场的扬尘,保证现场及周边的环境,可实现绿色施工。工业化建筑部品的主要特点如下。

1. 施工和管理模式的改变

工业化建筑部品的施工和管理模式由原来的的粗放式生产施工向集约式发展变革。最主要表现在零散农民工队伍向产业化工人的转变,由原来的手工业转变为机械化、自动化的生产模式;建筑业的管理手段转变为信息化、一体化平台管理模式,使得原本粗放式管理转向集约式,提高了管理效率。

2. 提高施工效率

由于各部品部件均由预制构件生产厂加工制造,在施工现场进行安装,减少了现浇钢筋混凝土养护及技术间歇时间,同时施工模式不受季节影响,全年均可正常施工,因此大大提高了现场施工效率。目前多数外围护墙体采用复合结构保温一体化板材,减少了现场二次施工保温层的工序。

3. 施工质量的提升

工业化建筑部件在工厂内完成浇筑、养护、脱模等工作,对比施工现场具有更加稳定的生产模式及质量保证措施,生产中受到环境及施工操作水平的影响较小,更大程度地避免了离析、泌水、骨料堆积、开裂、渗水等相关问题,有效提升了建筑的施工质量。

4. 绿色施工

工业化建筑部品的建造方式比传统的施工方式更节能、环保,由于减少了现场湿作业,如浇筑、焊割等,从而有效地解决了扬尘、噪音、光污染、水污染等问题。工业化建筑部品的建造模式有利于降低施工过程对环境和资源的影响,最重要的是大大降低了因施工而对附近居民造成的困扰。

5. 标准化与模块化

部品有一个共同特点,即总有一定的标准规范部品的种类与系列,只有标准的部品才是工业化部品,各部品的标准化保证了施工安装的高效性。建筑部品的标准化分为部品生产的标准化和部品施工的标准化。组成建筑的各建筑部品如墙体部品、门窗部品、楼梯部品等均为工厂生产的标准化部件,并采用装配式的施工方法建造。这些建筑部品以批量的生产方法生产,且质量稳定、价格适中,为一般居民所能购买且符合建筑法规和规范。由于建筑部品的工厂化生产,使得现场作业负担大大减轻,从而易于实现标准化的现场施工。

模块就是一种独立的通用单元,其特征就是具备某些确定性或针对性功能与接口结构。模块化即把零散的部品模块以连接件的形式组合拼接成新的整体(图 4-18)。标准化与模块化是工业化建筑部品领域的两大支柱,它们共同推动了建筑行业向更加可持续、高效和成本效益的方向发展。未来,随着新技术的融合,例如大数据和人工智能,标准化和模块化的概念可能会进一步演变,实现更高水平的个性化和生产效率。

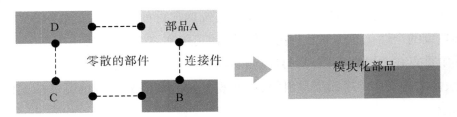

图 4-18　模块化部品的组成方式

4.3.3　工业化建筑部品的关键技术与生产流程

1. 工业化建筑部品的关键技术

（1）面向制造业的部品与构配件高性能产品技术体系。建筑工业化的快速发展，人民生活水平的不断提高，对于高品质、高性能部品和构配件的需求也日益提升，因此需要加快推动高性能产品技术体系的更新和发展。

①预制混凝土夹芯保温墙板低能耗桁架连接件。预制混凝土夹芯保温墙板在工业发达国家已有多年的应用历史和经验积累，其中夹芯保温墙板内外叶墙板之间的连接件是一项关键技术，该产品与夹芯保温墙板的质量安全紧密相关。目前在世界各国得到广泛采用的连接件所使用的材料基本是不锈钢和纤维增强高分子聚合物两种，且基本上都是专利产品。

②露骨料 SP 墙板在全装配工业厂房中的应用。SP 墙板是美国 SPANCRETE 机械制造公司的挤压机生产的预应力空心板，在我国已有多年的应用，大多数是用作建筑物的楼板、屋面板以及构筑物盖板和桥梁桥面板，用作墙板的案例很少。露骨料 SP 墙板不仅可用于混凝土结构，也可用于钢结构，为装配式建筑的新型外围护体系制造提供了崭新的建造方案。

（2）标准化、系列化建筑部品构配件的生产制造技术。有关模数协调准则的研究成果可为建筑部品与构配件形成模块化、系列化、标准化产品奠定理论基础，在此基础上需要进一步解决通用建筑部品与构配件的全过程数字化加工生产、一体化成型、产品管理控制、标准化生产等制造技术问题。近些年，以 BIM 技术为代表的信息化技术体系得到了建筑行业的广泛关注。BIM 不仅是建筑三维模型，更是可拓展至多维度的技术体系，为工业化建筑中多方参与实现全生命周期的有效管理提供了良好的协作机制。

（3）个性化建筑部品与构配件材料及制造技术。工业化建筑部品与构配件的标准化，为通用部品与构配件的工业化大规模生产、实现建筑的工业化打下了基础。为了满足建筑的美学要求，丰富建筑物的立面及造型，个性化的建筑部品与构配件也是不可或缺的。复杂造型混凝土建筑部品与装饰构配件的柔性制造技术研究，着力解决复杂造型的个性化建筑部品与构配件的精细、高效、智能的现代化生产制造关键技术。其中重点在于研究各种 3D 打印材料及其打印技术和工艺，以及各种高性能装饰混凝土、多功能饰面纳米涂层材料等，以实现复杂造型混凝土装饰配件的柔性化、智能化制造。

（4）钢结构构件的精细、高效、智能化的现代生产制造技术。钢结构建筑是工业化建筑的重要类型,已经得到越来越广泛的使用。近年来,我国也在大力推动钢结构的使用。但目前工业化建筑钢结构构件制造企业大部分仍在使用手工焊、半自动焊技术,智能化程度低,导致生产效率低、焊缝质量不高。现代工业化钢结构建筑需要尽快建立钢结构构件智能化制造在线质量控制体系,应用智能化、信息化技术手段,实现其技术升级,从根本上改善我国钢结构构件加工制作的工艺水平,促进钢结构行业的技术进步,提高生产效率,降低人工成本和劳动强度。主要内容包括 U 肋焊接工艺、钢结构焊接机器人、金属焊丝方面的研究成果。

2. 工业化建筑部品生产流程

工业化建筑部品生产流程是一个结合现代工程技术和管理技巧的系统化流程,它包括设计、材料选择、制造、运输和装配的各个阶段。

(1)设计阶段。设计是工业化建筑部品生产的起点。在这一阶段,建筑师和工程师使用计算机辅助设计软件(CAD)来创建详细的建筑部品图纸。利用建筑信息模型技术(BIM)可以进一步模拟部品在整个建筑中的表现,确保设计的可行性和整体结构的一致性。设计的自动化不仅提高了效率,还有助于识别潜在的结构或生产问题。

(2)材料选择。选材是决定部品质量和性能的关键。工业化部品通常使用钢铁、混凝土、木材和复合材料等标准化材料。在选材过程中,主要对材料的持久性、耐久性和环境影响等方面进行考察,以满足可持续性和性能的需求。智能材料和高科技合成材料的发展也为工业化建筑部品带来了新的可能性。

(3)制造过程。部品制造是在工厂内进行,使用自动化机械和机器人技术来准确快速地生产。高精度的切割、焊接、成型和装配操作确保了产品的一致性和质量。此外,生产过程中的质量控制检查是标准操作程序的一部分,用以确保每一个部品都符合设计规范。

(4)运输与物流。生产完成的建筑部品需要被安全有效地运输到施工现场,这一过程要求对物流进行仔细规划,以减少运输成本和降低潜在的损坏风险。包装的设计也至关重要,以确保部品在运输过程中的稳定性和安全性。有时,因部品的特殊尺寸和重量可能需要特殊运输解决方案。

(5)现场装配。到达施工现场后,预制部品将根据设计图纸进行装配。这一阶段需要精密的计划和协调,以确保部件正确无误地安装到位。现场的工人通常接受特别培训,以操作重型起重机和其他装配工具。现场装配的高效性大大缩短了整体建设周期,也减少了施工现场的劳动力需求和整体成本。

每个阶段都是整个工业化建筑部品生产过程中不可或缺的一部分,通过协同合作,可以达到减少建造时间、降低成本和提高质量的目的。随着技术的进步,这一过

程正在不断地被优化,以提高效率和可持续性。

4.3.4　工业化部品的装配与施工

工业化建筑部品的装配与施工是将预先制造的部件组合成最终建筑物的关键过程。它强调在施工现场的效率和精确性,以确保项目的成功完成。

(1)现场准备。在施工现场,必须进行适当的准备工作以确保快速和准确的装配,通常包括:①有足够的空间进行部件储存和移动;②准备和平整地基,以保证装配的精确性;③确定所有的连接点和基础设施(如水电管线)的位置。

(2)装配流程。装配过程需要精细的协调和计划,通常包括以下步骤:①部件检验。到达现场的每个部件都必须进行检查,以确认运输过程中没有损坏。②定位与对位。根据施工图,每个部件都必须精确定位到其最终位置。③结构连接。使用螺栓、焊接等方法将部件固定在一起,确保结构的稳定性和完整性。④质量检验。装配的每个阶段都必须进行严格的质量检查,以确保满足设计要求。

(3)效率和安全。工业化部品的装配需要特别注意效率和安全。使用先进的机械设备,如起重机和自动化机械手臂,可以加快装配速度,并减少人为错误。装配团队必须接受专门培训,熟悉装配技术和安全规程。

(4)解决方案和创新。在装配与施工过程中,可能会遇到各种挑战,如部件尺寸误差、连接问题或现场条件不符合预期。应对这些挑战需要创造性的解决方案,如使用调整接口或转换件来弥补尺寸误差;应用新材料或技术来解决连接问题,比如采用更强的黏合剂或更先进的焊接技术;对于不合预期的现场条件,可能需要在现场进行适应性修改设计或重新安排装配顺序。

工业化部品的装配与施工是一个复杂的过程,需要精确的计划和执行。通过提前的设计和工艺优化,可以大幅度提升施工的速度和质量,降低成本,并最终交付高品质的建筑项目。随着技术的不断进步,装配与施工的方法也在不断创新,使得建筑行业能够面对更加复杂和要求更高的项目。

4.4　住宅部品

4.4.1　住宅部品的相关概念及分类

1.基本概念

住宅部品,是指按照一定的边界条件和配套技术,由两个或两个以上的住宅单一产品或复合产品在现场进行组装,构成住宅某一部位中的一个功能单元,能满足该部位一项或者几项功能要求的产品。这个定义一是反映了住宅部品是集成的产物;二是住宅部品对于建筑具有独立功能,即在住宅里面有独立功能的住宅工业产品,如门、窗、厨具、洁具等。区别于建筑原材料,如沙、石、水泥等;又区别于建筑物结构配件,如窗台、门窗过梁、水泥预制件等;三是住宅部品本身要有一定的模数化、接口协调的约束。

2.住宅部品与建筑部品的关系

建筑部品就是运用现代化的工业生产技术,生产出来用于建筑所需的建筑构件、部品,如外挂墙板、保温墙、预制板、叠合梁、预制楼梯、叠合楼板等。建筑部品是针对各类建筑所采用的材料、构件、设备的统称,而住宅部品是住宅建筑中的一个独立单元,有规定的功能,是构成住宅建筑的组成部分。

3.主要分类

住房和城乡建设部住宅产业化促进中心概括了住宅部品体系的框架,该框架根据部品的使用功能部位分为七个体系:

(1)结构部品体系:支撑结构、楼板、楼梯等。

(2)外围护部品体系:外墙、地面、屋面、门窗、保温隔热、防水、外墙装饰等。

(3)内装部品体系:隔墙、装饰部件、室内楼梯、壁柜等。

(4)厨卫部品体系:卫生间、厨房等。

(5)设备部品体系:暖通空调系统、给排水系统、燃气设备系统、消防系统、电梯系统、新能源系统等。

(6)智能化部品体系:物业管理与服务、安全防范系统、信息网络和布线系统、家庭智能终端等。

(7)小区配套部品体系:室外设施、停车设备、园林绿化、垃圾回收等。

七大体系中的前两类构成了住宅主体部分,即支撑体部分;三、四、五、六类是与住宅内装相关的部品,第七类隶属于小区体系,涉及室外环境(表4-5)。

表 4-5　住宅部品体系

部分分类	具体部品
结构部品体系	支撑结构、楼板、楼梯等
外围护部品体系	外墙、地面、屋面、门窗、保温隔热、防水、外墙装饰等
内装部品体系	隔墙、装饰部件、室内楼梯、壁柜等

部分分类	具体部品
厨卫部品体系	卫生间、厨房等
设备部品体系	暖通空调系统、给排水系统、燃气设备系统、消防系统、电梯系统、新能源系统等
智能化部品体系	物业管理与服务、安全防范系统、信息网络和布线系统、家庭智能终端等
小区配套部品体系	室外设施、停车设备、园林绿化、垃圾回收等

4.4.2　住宅部品的主要特征

1. 住宅部品的基本特征

住宅部品的基本特征包括组装性、功能性、标准化和工业化、模块化和系统化、适应性和可定制性,以及提高施工效率和质量等方面,这些特征共同促进了住宅建设的现代化和效率提升。

(1)组装性。住宅部品是由两个或两个以上的单一产品或复合产品在现场组装而成,构成住宅某一部位中的一个功能单元,能满足该部位一项或者几项功能要求的产品。这意味着住宅部品具有模块化和可组装性,便于施工和安装。

(2)功能性。住宅部品具有独立的功能,如门、窗、厨具、洁具等,这些部件在住宅内部具有特定的使用功能,区别于建筑原材料和结构配件。

(3)标准化和工业化。住宅部品的生产遵循一定的标准,包括尺寸、规格和功能等方面的标准化。这种标准化有助于提高生产效率、降低生产成本,同时也便于部件的互换和使用。

(4)模块化和系统化。住宅部品的设计考虑到了模块化和系统化的原则,这使得部品在设计和施工过程中更加灵活,同时也便于维护和更新。

(5)适应性和可定制性。住宅部品能够适应不同的设计和建筑需求,可以根据具体项目的要求进行定制,满足个性化的居住需求。

(6)提高施工效率和质量。通过使用预制和标准化的部品,可以减少现场施工的时间和劳动强度,从而提高了施工效率和安全性。

2. 住宅部品的适应性

(1)住宅部品对住宅的适应性体现在支撑结构部品不变的情况下自由选择内部

部品、设备部品等配套部品上。住宅适应性设计的目标是在保持住宅基本结构不变的前提下，通过提高住宅的功能适应能力来满足居住者不同的和变化的居住需要。住宅建筑可分为建筑结构部品、围护部品、厨房卫生间部品（图 4 - 19）、设备管线部品等。在这些部品中只有结构部品是属于支撑体，在住宅全寿命周期内是永久的、不变的，属于住宅建设中"确定"的部分。其他的所有部品都是属于不同层面的填充部分，是灵活可变的，是主要满足"不确定"功能的部分。

图 4 - 19　厨房卫生间部品

"确定"部分部品的适应性按承重结构原理划分现有住宅结构体系，如砌体结构体系、框架结构体系、板柱结构体系、钢筋混凝土剪力墙体系等。砌体结构体系可细化为实心、空心黏土砖，粉煤灰砖等砖体系和各种砌块体系；框架体系有钢筋混凝土体系、轻钢轻板体系等。从适应性角度分析砌体结构住宅的灵活性、可变化程度最低，框架结构、板柱结构体系最高。砌体结构体系按承重方式不同有横墙承重、纵墙承重、横墙与纵墙结合承重等。由于经济性和技术的简单成熟，砌体结构体系是目前我国采用最多的多层住宅结构，但是承重墙对住宅空间的划分限制较大，空间的灵活性受到局限，所以砌体结构的适应性主要来自对住宅空间的合理设计。框架结构由于技术的保障使得空间的灵活划分得以实现。

"不确定"部分部品的使用寿命短于住宅全周期的寿命，其对于住宅的适应性通过部品的更换、改造来实现。住宅中的"不确定"部品包括装饰、装修部品，厨卫部品，设备管线部品等。在支撑体固定不变的前提下，填充体与支撑体的连接越简单越有利于适应住宅功能的变化。例如采用轻质高强的非承重隔墙与家具隔断可以根据住宅不同时期功能需求来灵活划分室内空间。

（2）住宅部品适应性的实现。首先部品设计的多样性与互换性是部品适应性的前提。多样化的住宅部品是住宅功能的载体。不同社会环境、不同生活习惯、不同经济条件和年龄的用户对住宅部品有不同的需求。例如中、西厨房设备就是为满足不同家庭需求而设计与开发的产品。另外，一个住宅的寿命至少是五十年而住宅部品的使用年限则不尽相同，往往远小于住宅的寿命，所以就出现了住宅部品因为使用年限而互换。除此之外，还有因为改变样式、增加功能等的互换。这些互换建立在产品开发的标准化生产上，是住宅功能在全周期寿命内得以实现的重要保障。其次部品的开发应以人为本考虑未来社会老龄化等特性，要求部品的尺度应符合人体工效学，要符合节能、节水、节地、节材的要求，还要满足住宅的安全、保温、隔热、采光、通风、隔声等物理性能要求。部品设计还应适应住宅全周期寿命内功能需求的变化，即老龄化的需求，如开发老年人适用的卫浴产品、防滑地砖等。另外整体、大型组合型部品（图4-20）是适应性部品发展的必然趋势。大型组合性部品减少了住宅与部品之间的接口，部品的更换改造既可以在大型部品内部解决，也可以通过更换大型部品达到对住宅的适应，这也可以更好地保证住宅的整体性能。最后还应注意住宅部品的接口设计。部品的接口不仅要做到将住宅结合成一体化的融合、协调的产品，还应做到同一接口对不同部品的接入需求的满足。这些互换的产品在住宅建造时有可能并未生产出，但是现有接口应尽可能做到满足未来产品的需求。

图4-20　大型组合型部品

4.4.3　国内外住宅部品化的发展

1. 国内发展

我国从发展工业化住宅产品生产到今天，住宅部品的发展大致经历了以下阶段：

（1）工业化住宅建筑体系繁荣阶段——大型结构型部品发展时期。这一阶段最主要的特征是部品生产以大型结构部品为主（图4-21），如粉煤灰大板、钢筋混凝土大板等。室内部品只有少数基本卫生洁具。此外，尚有些实验在进行中，如装配式盒子卫生间。这些属于我国早期的工业化建筑部品，它们质量大、尺度大、集成程度高，但是做工粗糙，运输较为不便。

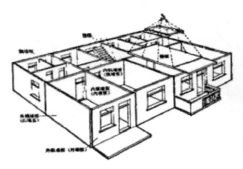

图 4 - 21 大型结构型部品

(2) 住宅建设的开放和转型时期——室内部品加速发展时期。这一时期住宅部品的概念尚未明确,但随着住宅商品化的提出,商品住宅大量开发建设,也带动了住宅部品的开发。住宅部品无论从种类和质量与前一阶段相比都有了迅速的增长和提高,尤其是住宅内部和设备部品。例如轻质墙体的开发避免了原先部品质量大、运输困难的问题。这一时期的部品发展可基本满足人民居住的需求,与我国粗放型的生产方式也不相冲突。但是随着产业化住宅的提出,原有住宅建设方式亟待转型,人民对于居住舒适度的要求也逐渐提高,部品的问题就越发显现出来。如没有系统的生产方式,没有明确的政策指导,没有标准尺寸、大小的规定等一系列问题。

(3) 现阶段——住宅产业化部品的理性发展阶段。这一阶段是以 1996 年我国启动住宅产业化为开始标志。在经济增长模式从粗放型向集约型转变,改善产业结构,通过住宅拉动内需的背景下,1996 年建设部开始提出并宣传"住宅产业现代化"。从这一年起,国家陆续出台系列政策,并在《关于推进住宅产业现代化提高住宅质量的若干意见》中明确指出建立住宅部品体系的重要性。1999 年,《关于在住宅建设中淘汰落后产品的通知》,强制淘汰不符合资源节约和环境保护要求与质量低劣的材料和部品。2001 年,中日两国开展 JICA 技术合作,两国专家针对建立我国住宅部品认证制度的相关内容进行了长达三年的合作,将 BL 部品认证制度扎根我国。2005 年,我国首个住宅部品认证机构成立,第一批认证的部品有:建筑砌块、建筑涂料及腻子、墙体保温、建筑门窗及配套件、隔墙、厨卫家具、地板等。2006 年,建设部发布《关于推动住宅部品认证工作的通知》,加快了我国住宅部品认证工作的开展和实施。2009 年 10 月,国家标准《住宅部品术语》正式实施,标志着住宅部品终于有了一个明确的说法,并将以国家标准的形式,科学规范的内涵,引导住宅部品的科学发展。2010 年,初步形成系列住宅建筑体系,基本实现了住宅部品的通用化和生产、供应的社会化(图 4 -22)。

图 4-22　部品的集成

2. 国外发展

第二次世界大战后,为了缓解房荒压力,许多发达国家开始鼓励在住房建设中大量采用预制部品,包括预制楼梯、预制楼板、单元式卫生间以及各类室内填充部品等。

20 世纪 60 年代,部品制造商逐渐成长起来,并积极地进行新部品的开发和研制。以家庭浴室,如浴缸、热水器、淋浴装置等室内部品的出现为代表。

(1)丹麦住宅部品化的发展。1960 年,为了使预制部品间能够更好地协调工作,丹麦成为世界上第一个实行建筑模数法制化的国家。丹麦采用的模数标准也成为国际标准化组织 ISO 模数协调标准的范本。丹麦是以产品目录设计为核心,大力发展通用体系,并且称通用部品为目录部件。在丹麦,几乎每个住宅部品企业都把自己生产出的部品添加到部品目录中,而后形成通用体系部品总目录,以此来方便住宅设计人员从中选用适当的部品进行住宅设计。

(2)美国住宅部品化的发展。美国的住宅市场非常完善,组成住宅的部品早已实现标准化、系列化和通用化。美国住宅具有个性化和多样化的特点,人们可以按照自己的意愿选择设计方案,完成相应住宅部品的采购,并且可以自己动手或委托建造商来建造房屋。这种使用者参与的方式既满足了住宅的个性化需求,又实现了住宅产业化的生产方式。

(3)法国住宅部品化的发展。法国也是世界上发展建筑工业化较早的国家。20 世纪 50—70 年代,法国发展以全装配式大板和工具式模板为标志的工业化建筑;到 20 世纪 70 年代后期,法国为适应市场需求,研究方向改为发展通用化的构件部品,并且为了大力推行通用部品成立了构件建筑协会;20 世纪 80 年代,法国调整技术方法,实行构件生产与施工分离,采用制造业生产商品的方式生产通用构配件。然而,要求所有建筑部品做到通用是不现实的,一套部品目录只需与其他目录部分协调,其中有相互的逻辑关系即可。同时,G5 软件系统的研发也是法国为了推动建筑工业化所做出的努力。这套软件系统把遵守统一的模数协调规则、在安装上具有兼容性的建筑部件(外围护部品、内墙部品、楼板部品、柱梁部品、楼梯部品和各种设备管道)汇集在产品目录里,并告诉使用者可选择相关的协调规则、各类型部品的技术数据和尺寸数据、特殊建筑部位的施工方法、建筑与部品之间的连接方法等。使用这套软件系统,可以把任何一个建筑设计转变为用工业化建筑部品进行设计,同时又不改变原设计的特点(图 4-23)。经过多年的发展,法国的住宅部品流通供配体系逐渐成熟,出现了大量从事住宅部品销售的专门店,顾客可以根据所需进店选择。

图 4-23　法国样板住宅实例

(4)日本住宅部品化的发展。20 世纪 70 年代,日本住宅建设发生了由量到质的转变,内装部品和设备部品的种类和生产量都急剧增加,并且部品的生产向大型化和集成化转变。例如,整体厨房系统就是其中较具有代表性的。它集成水、电、燃气系统为一体,囊括了厨房中炊事、清洗、储藏等几乎所有功能。所有组成部品的生产都是在工厂里完成的,现场只有很少部分的接头安装,建造速度得到了快速提升。

在 20 世纪 90 年代后,日本住宅部品的生产发生了大的改变,日本有了"优良住宅部品特许专门店",专门销售经过认证的住宅部品,经销手段除了实体店铺的连锁经营,也采用了电子信息技术进行网上直销。目前日本住宅市场渐趋饱和,部品市场的重心逐渐转向旧城改造,部品的生产也将要发生变化。为了达到节能、环保、低碳的要求,同时满足老龄化的需求,住宅部品开发又面临了新的挑战。同时,随着信息技术、数字技术的发展,住宅部品将走向多功能化和智能化。

第 5 章

工业化建筑体系及实践

5.1 工业化建筑体系

工业化建筑指通过现代化的制造、运输、安装和科学管理的生产方式,来代替传统建筑业中分散的、低水平的、低效率的手工业生产方式来建造房屋。工业化建筑首先应从设计开始,从结构入手,建立新型结构体系,包括钢结构体系、预制装配式结构体系,要让大部分的成品、半成品的建筑构件,实行工厂化作业。一是要建立新型结构体系,减少施工现场作业。多层建筑应由传统的砖混结构向预制框架结构(图 5 - 1)发展;高层及小高层建筑应由框架向剪力墙(图 5 - 2)或钢结构方向发展。二是要加快施工新技术的研发力度,主要是在模板、支撑及脚手架施工方向有所创新,减少施工现场的湿作业。

图 5 - 1 装配式框架结构

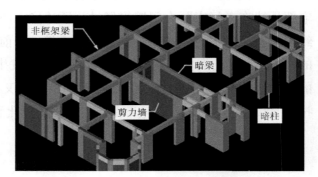

图 5 - 2 剪力墙示意图

5.1.1 构件法体系

工业化建筑秉持的构件法主要是基于以构件为起点的建筑设计方法。构件法将建筑拆分成不同类型的构件组:基本结构体、扩展结构体、基本围护体、扩展围护体等。在此基础上每个构件组可以单独设计、单独研发。总结而言,根据建筑构件进行分类,对这些分类完成的建筑构件进行专项构件设计,而对装配式混凝土建筑而言,主要构件就是混凝土预制构件,所以首先需要做的是对建筑构件进行分类。

构件的分类有很多标准,通常是通过专业进行分类,考虑到专业分类涉及的专业类型太多,所以我们这里选用按"系统"进行分类的方法,将装配式建筑的构件分为:主体系统、设备系统、装饰系统、装配系统四大系统(表5-1)。

表5-1　装配式建筑的构件分类

系统	类	子类	类型
主体系统	混凝土类	预制柱	钢筋混凝土预制柱、钢预制柱
		预制梁	钢筋混凝土预制梁、钢预制梁
		预制板	预应力楼板
			桁架
			楼梯
			屋面板
		预制墙	钢筋混凝土板
			轻集料混凝土条板
			蒸压加气混凝土板
		现浇柱	方柱、圆柱
		现浇梁	矩形梁、T型梁
		现浇板	楼梯、屋顶板
		现浇墙	整体、分段浇筑墙
		其他	现浇楼梯
	钢类	柱	型钢柱
			钢管混凝土柱
		梁	钢梁
		板	钢楼梯
		墙	钢板剪力墙
			轻钢密柱板墙

系统	类	子类	类型
主体系统	竹木类	柱	木结构柱
		梁	木梁
		板	木楼面
			木屋面
			木楼梯
		墙	木质承重墙
			正交胶合木墙体
	围护类	幕墙	玻璃幕墙
			石材幕墙
		砌筑墙	砖墙
			砌块墙
		其他	钢结构围护
设备系统	电气类	桥架	梁桥、拱桥
		照明	路灯
		变配电	变压器
		线管	金属线管
		安防	门禁、消防报警
		供电	交流供电、直流供电
		智能化	智能化家居
		其他	自动化、监控
	给排水类	管线	给排水管线、天然气管线
		附件	支架及吊架
		设备	烟雾排放系统
		消防	消防泵、灭火器
		其他	水位控制设备

续表

系统	类	子类	类型
装饰系统	暖通类	热交换器	板式热交换器、螺旋式热交换器
		空气设备	空调系统、新风系统通风系统、排烟系统
		冷热源	制冷机组、热泵系统、冷却塔
		风口	固定风口、可调节风口
		风管及管件	分流器、合流器
		其他	地暖、壁挂炉
	门窗类	普通门	木门、金属门
		防火门	钢质防火门
		人防门	防爆、防破坏
		其他门	折叠门、旋转门
		普通窗	木窗、金属窗、
		防火窗	钢制防火窗
		其他窗	飘窗、落地窗
	家具类	客厅家具	沙发、茶几、电视柜等
		卧室家具	床、床头柜、衣柜等
		餐厅家具	餐桌、餐椅、吧台等
		厨房家具	橱柜、厨房岛、厨房架等
		卫生间家具	洗手台、马桶、淋浴间
		办公家具	办公桌、办公椅、文件柜等
		其他家具	户外家具、书房家具等
	套装类	集成厨房	橱柜、电器、台面
		集成卫生间	橱柜、器具、装饰
		其他套装	衣帽间、办公室

系统	类	子类	类型
装配系统	模板类	木模板	胶合板模板、横梁式木模板
		铝模板	铝合金模板
		钢模版	扣板式刚模版、复合钢模板
		免拆模板	塑料模版、组合模板
		其他模板	玻璃模板
	支撑类	竖向支撑	钢管支撑、木制支撑
		斜支撑	斜撑杆、斜拉索
		支撑附件	连接件、调节件
		其他支撑	框架支撑、临时支撑
	防护类	脚手架	门式脚手架、悬挑脚手架
		爬架	升降式爬架、扶梯式爬架
		其他防护	安全网、防护栏杆

构件法中的预制装配式钢筋混凝土结构简称为 PCa 工法(工艺方法和工程方法)。此工法是将建筑商品化、部品化、构件化分解,将以现场建造为主的方式转变为以现场装配组装为主,通过部品和构件的工业化生产和现场装配,实现建造房屋就像汽车零部件组装成汽车一样容易,彻底改变以现场湿作业为主的现场建造方式(图5-3、图5-4)。

图 5-3　PCa 中的各个构件　　　　　图 5-4　PCa 工法施工现场

1. 预制装配式钢筋混凝土结构

预制装配式建筑并不是伴随工业革命才产生的新概念,而是在史前时期就已经具有雏形。人类的建筑史大致划分为四个阶段:"前建筑时期""古典建筑时期""现代建筑时期""当代建筑时期"。

"前建筑时期",即史前时期,人类还是狩猎者,尚未有固定的居所,也没有所谓"建筑"的概念,只是简单的"庇护所",主要是树枝、树叶搭建的草棚或者兽骨、树干与兽皮搭建的帐篷。兽皮帐篷是人类最早的"预制装配式建筑",人类将几十张兽皮缝制在一起,用树枝和木杆做骨架,搭建成了"房子",走到哪里,就带到哪里,可以根据需要在任何地方使用现成的材料搭建,这就是最早的"预制装配式建筑"。

到了古典时期,人类进入了农业时代并定居了下来,随着石头、木材、泥砖和茅草等建筑材料的使用,人们不再满足于建造具有居住功能的庇护所类型的房屋,而是开始建造具有精神功能属性的建筑,如神庙、宫殿、坟墓、教堂等大型的公共建筑,而这些建筑都是在加工工场把石头构件凿好,或把木头的柱、梁、斗拱等构件制作好,再运到现场,以可靠的方式连接安装。古希腊的帕提农神庙是古典时期的石材预制装配式建筑(图5-5),科隆的哥特式大教堂是中世纪时期的石材预制装配式建筑,中国的各种亭、台、楼、阁、殿则是古代木结构预制装配式建筑的典型(图5-6)。

图5-5　帕提农神庙

图5-6　故宫

真正将预制装配式技术广泛应用并形成"预制装配式建筑"概念是在欧洲工业革命之后的现代主义建筑时期。继伦敦水晶宫出现之后,随着钢铁材料、钢筋混凝土材料的出现,工业技术的发展,建筑技术的进步,建筑业的预制装配式技术进入了蓬勃发展的时期,如巴黎埃菲尔铁塔、纽约自由女神像和纽约帝国大厦均采用了预制装配式技术。1886年建成的自由女神像是法国在美国建国100周年时赠送给美国的。其采用铸铁结构骨架和铸铜表皮,在法国制作,漂洋过海运到美国进行装配。1931年建成的纽约帝国大厦也是预制装配式建筑,这座高381米的钢结构石材幕墙大厦保持世界最高建筑的地位长达40年,帝国大厦102层,采用了装配式的建造方法,全部工期仅用了410天,平均4天一层楼,这在当时是非常了不起的。现代建筑从1850年到1950年,在100年的时间里,钢结构是预制装配式建筑的主要结构材料。但自1950年后,随着高层建筑的大量兴起,钢筋混凝土以其优良的耐久性成为预制装配式建筑的主要结构材料,并且逐步成为预制装配式建筑的主要结构类型。实际上,这种材料早在两千多年的罗马时期就已经发明,罗马人用火山灰、水和石子结合形成的天然混凝土浇筑建筑物的拱券。此外罗马人将其材料的特性发挥到了极致,考虑到其抗压强度远远高于抗拉强度,因此创造性地采用了拱券结构来解决大跨度问题。建于公元118—128年的古罗马万神庙在空间跨度上达到了43.3米(图5-7),这一记录一直保持到1000多年后的工业革命时期,在1867年才被以金属作为结构材料的巴黎博览会机器展览馆的115米的跨度所超越(图5-8)。

图5-7 古罗马万神庙   图5-8 巴黎博览会机器展览馆

直到工业革命时期,大量新兴建筑拔地而起,但是传统的砖石砌筑的施工方式效率太低且整体性不佳,人们迫切需要一种高效率、高质量和价格低廉的建筑材料,直到1774年,英国工程师约翰·斯密顿在设计第三座埃迪斯通灯塔时首次使用了水硬性水泥与骨料、水的混合物,这成为现代混凝土的开端。1824年约瑟夫·阿斯顿根据前人的经验,摸索出石灰石、黏土及铁渣的最合适配比,进一步完善了此种人造石头的生产工艺,并成功申请专利。由于此种胶质材料硬化后的颜色和强度与波特兰出产的石材接近,故取名为"波特兰水泥"。因人工混凝土的主要材料石灰石广泛存在于天然石材中,可以在世界上的任何地区找到,所以,人类可以在不受地域限制的情况下,大量使用混凝土进行建设。

混凝土是石料的延续继承,同时也是繁复工业加工的产物,这种材料替代了石材,摆脱了地域的限制,但是同时也具有与石材一样的不稳定性,如抗拉、抗冲击强度低且易脆断。1865年约瑟夫·莫尼埃用混凝土做了一个花盆,之后花盆不小心打碎了,他发现虽然花盆打碎了,可松散的泥土却由于花根的盘根错节而结成了团,这给了他启发,他就在混凝土里加铁丝来制作花盆,如此,混凝土的抗拉、抗冲击能力大幅提高。两年后,他申请了钢筋混凝土的专利,至此,钢筋混凝土正式诞生。但由于当时水泥和混凝土的质量都较差,这一时期计算理论尚未得到系统建立,所以发展速度较为缓慢。直到1890年,法国开始出现钢筋混凝土建筑(图5-9),同时也有了预制混凝土构件(图5-10)。

图5-9　钢筋混凝土建筑

图5-10　预制混凝土构件

钢筋混凝土的问世就从预制开始的，20世纪，两次世界大战所造成的城市损毁，使人们迫切希望在短时间内得到大量建筑产品来弥补家园受损而造成的建筑短缺，此时混凝土成为建筑师和工程师在民用建筑方面最喜欢使用的材料，预制装配式技术也在现代主义建筑的潮流下蓬勃发展。格罗皮乌斯在1910年提出了钢筋混凝土建筑应当预制化、工厂化。随后，大量钢筋混凝土建筑如雨后春笋般出现，这些建筑或采用预制装配式混凝土的建造方式，或采用现场现浇式的建造方法，抑或者两者皆而有之。在20世纪中期，预制装配式钢筋混凝土技术大规模应用始于北欧，瑞典、丹麦、芬兰等北欧国家首先兴起了建筑工业化的高潮，并取得了巨大成功，随后其经验被传入东欧国家、美国、日本、中国和东南亚国家。

2. 钢筋混凝土结构案例分析

1）中银舱体大厦

日本设计师黑川纪章所设计的中银仓体大厦是新陈代谢派的代表作。黑川纪章与专做集装箱生产商合作，直接在工厂制作2.3 m×3.8 m×2.1 m的模块盒子，每个盒子上都有一个直径1.3 m的圆形窗户，也就是因为这个圆窗，黑川纪章称这些模块盒子为"鸟巢箱"。该建筑的概念与柯布西耶提出的插入式城市几乎是一样的，是让每个模块都可以定期或根据户主的需求进行更换，可以当作是插入式城市的实际实践。该建筑的核心结构是两个混凝土筒体，里面承载着建筑的纵向交通功能，同时筒体还是管线的枢纽，并以此结构作为支承体，把盒子单元悬挂或悬吊在上面的建筑上。横向的流线和活动则都是在各个"鸟巢箱"里进行，盒子通过大吊车以插入的形式与筒体接合，每个盒子都是一样的，但里面的住户不同，因此体现出的生活方式和态度自然不同（图5-11、图5-12）。

图 5 – 11　大厦外部　　　　　图 5 – 12　盒子内部

2）Habitat 67

Habitat 67 是一个位于加拿大蒙特利尔圣劳伦斯河畔的一个住宅小区,其奇特的外观使得它成为当地的地标之一。1967 年,蒙特利尔赢得了世界博览会的主办权后,为呼应该届世博会"人与世界"的主题,当局决定建造一个新型住宅小区,展示现代城市房屋经济、生态、环保的发展趋势。加拿大建筑师萨夫迪的方案最终入选,根据当届世博会年号,将小区命名为"Habitat 67"。萨夫迪在设计建造 Habitat 67 时,基于向中低收入阶层提供社会福利(廉价)住宅的理想,将每一个盒子式的住宅单元都设定为统一的模块,然后预制建造出来,再像集装箱那样以参差错落的形式堆积起来。Habitat 67 巧妙地利用了立方体的形态,将 354 个灰米黄色的立方体错落有致地码放在一起,构成 900 个(最终 158 个)单元。遗憾的是直到世界博览会开幕那天这个住宅区还没有盖好,最后落成的只有 158 户,但依旧反响热烈,是世界上第一个真正建成的模块化建筑(图 5 – 13)。这种空间规划设计,既包含了立方体坚固的特点,又表现了错综复杂的美学形态,同时保证了户户都有花园和阳台的要求,更兼顾了隐私性与采光性,表明未来住宅人性化、生态化的发展方向。

图 5 – 13　Habitat 67 住宅小区

5.1.2　复合木结构体系

复合木结构作为以复合木材为主要建筑材料的新型结构体系,在传承传统木结构的基础上,融合了现代结构设计理论、先进的加工技术、现代力学、实验学以及工业化生产程序的最新研究成果,展现出了令人瞩目的创新和发展潜力。这一结构体系不仅延续了木质复合材料出色的力学性能和耐久性,更重要的是保留了木构架构件所具备的特性和优势。

复合木结构的蓬勃发展,不仅受益于基于工业化的木材产业的发展,还源于人们对原生木材优势的不断挖掘。同时,复合木结构还汲取了其他领域的结构理论和实践经验,特别是借鉴了钢结构设计方法和钢节点的引入。这些举措使得复合木结构在发展中具备了广阔的空间和多样化的趋势。

随着技术不断进步和理念的日益成熟,复合木结构将继续在建筑领域发挥重要作用,为建筑设计师提供更多可能性,同时为可持续建筑发展贡献力量。复合木结构建筑是指建筑主体的全部或者部分采用标准化复合木材或工程木产品为主所建造的建筑,是一种新型的建筑形式。其结构主要由复合木材制成的梁、柱、桁架等构件组成,各构件之间采用金属连接件连接,突破了传统木结构建筑高度和跨度的限制。相对原木结构,在节能环保、防腐、防火、隔热、承载力等性能方面更加安全可靠。

尽管复合木结构建筑较传统木结构建筑在高度上有所突破,但受材料和技术的限制,参照《多高层木结构建筑技术标准》对木结构建筑高度的规定(表 5-2),其多为多层和中高层复合木结构建筑。因此,以下研究即为多层和中高层复合木结构建筑(简称为复合木结构建筑)。

表 5-2　木结构建筑高度分类

分类方法	多层	中高层	高层
按地面上层数分类	4~6 层	7~9 层	大于 9 层
按高度分类	木结构住宅建筑:高度大于 27 m 的为高层建筑 非单层木结构公共建筑:高度大于 24 m 的为高层建筑 其他民用木结构建筑:高度大于 24 m 的为高层建筑		

1. 复合木结构的特点

(1)节能环保性。木材作为地球上唯一可再生的天然负碳型材料,具有巨大的环保潜力。据估计,每立方米的木材可以储存约 1 吨的二氧化碳,这使得木材成为一种极具吸引力的碳储存和减排工具。在英国,每年新建建筑中有 15%~28% 采用木结

构,这意味着每年可存储约 100 万吨的二氧化碳,为应对气候变化做出了重要贡献。

除了碳储存的优势之外,木材还具有可降解性,这意味着在建筑使用寿命结束后,木材可以自然降解而不会对环境造成污染。这种特性极大地减轻了生态的堆放压力,有助于促进生态循环和可持续发展。因此,木结构建筑不仅在建筑过程中能够减少碳排放,还能够持续地吸收和储存二氧化碳,成为推动建筑行业向更加环保和可持续方向发展的重要力量。

(2)保温、隔热性。导热系数是评估建筑材料热湿性能的关键参数之一,直接影响着建筑结构的保温和隔热效果。复合木材以极低的导热系数而著称,使得复合木结构建筑在保温和隔热方面表现出色。相比之下,混凝土和钢材的导热系数要高得多,需要更厚的结构来实现相同的保温效果。因此,复合木结构建筑不仅减少了建筑材料的使用量,还降低了建筑自身的重量,减轻了对基础和地基的负荷,提高了建筑的稳定性和安全性。复合木结构建筑不仅在保温和隔热性能上表现优异,而且在材料使用效率和结构设计上也具有显著的优势,成为现代建筑中不可或缺的重要选择。

(3)可靠性。复合木结构建筑不仅要衡量复合木结构的可靠性外,还需考虑其在使用寿命期间是否能够如期完成设计功能、承受荷载并抵御环境影响。这包括了复合木结构的安全性、适用性和耐久性等方面。复合木结构具有轻质、良好的延展性和出色的韧性等优点,对抵御瞬间冲击荷载和周期性疲劳破坏的能力非常强,这使得它在地震过程中能够有效耗散地震作用力。研究显示,复合木结构建筑在地震发生时,X 轴和 Y 轴方向上的偏移率仅为 $1.0\% \sim 1.3\%$,表明该结构具有出色的结构强度和抗震性能。因此,复合木结构在建筑工程中具有广泛的应用潜力,它在抗震性能方面表现出的明显优势,为建筑物的安全性和可靠性提供了坚实的保障。

(4)施工周期短、易改造。在复合木结构建筑构件的工厂化预制过程中,其具备了兼容性、规范性和易安装性等特点。这意味着这些构件可以在工厂中精确地制造,然后轻松地在施工现场进行安装。相较于传统的钢混结构和钢结构,复合木结构的施工安装速度大大提升。此外,复合木结构建筑在设计上趋向高集成性,这意味着各个构件之间的设计和制造更加统一和协调。因此,在施工时节省了人工成本,缩短了施工周期,减小了施工难度,进而提高了施工质量。这种高度集成的设计还有助于减少施工现场的浪费和误差,从而提升了整体建筑工程的效率和可靠性。

2. 案例分析

1)英国廉价迷你房

英国廉价迷你房是一种新型的活动板房,由斯特拉斯克莱德大学的一名 22 岁的研究生珍妮弗·霍普创造。她的父亲从事建筑行业已有 25 年,她在父亲的帮助下创建了自己的"迷你房"公司。此公司包管建房的整个流程,从申请规划许可,到房屋的建造和设施的安装,也会为购买者提供可以亲自动手建造房屋的体验(图 5 - 14 至图 5 - 17)。迷你房最初的设计灵感来自乡下员工的住所。该迷你活动房由模型木板所组建,之后会运到购买者的住处完成组装,耗时总计 8 周,而在组装环节只需 3 周时间。

迷你房的一个显著优点是成本低廉。这些房屋通常采用预制建筑技术,大部分组件都是在工厂里预先制造完成,然后运输到现场进行快速组装。这不仅缩短了建造时间,也大幅降低了建造成本。此外,迷你房还注重环保和可持续性,通常使用环保材料进行建造,并配备节能设备,如 LED 照明、高效率的隔热材料和小型化的能源高效设备。这些特性不仅降低了住户的能源消费,也减少了房屋对环境的总体影响。在社会文化层面,廉价迷你房可为英国住房危机提供一个解决方案。它们为低收入群体实现了居住自主的可能性,同时也为城市提供了一种减轻住房压力的方法。然而,这种住房形式也引发了一些争议,批评者认为迷你房可能会降低居住标准,缺乏足够的生活空间可能影响居住者的生活质量。

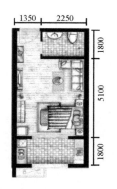

图 5 - 14　平面图

图 5 - 15　施工过程

图 5 - 16　建成效果

图 5 - 17　室内效果

尽管存在争议,廉价迷你房在英国的发展前景依然被看好。随着技术的进步和

设计创新的持续,这些迷你房的舒适性和功能性有望进一步提升。政府和私营部门的持续投资和政策支持将是推广这种住房模式的关键。总之,英国的廉价迷你房是应对快速城市化和高住房成本挑战的一种创新解决方案。它们通过合理的成本和高效的空间使用,为住房市场提供了新的动力,同时也为未来住宅建筑的发展方向提供了参考。

2)四川灾后重建生态民居

5·12汶川地震对四川各区破坏严重,为了帮助村民重建家园,西安建筑科技大学绿色建筑研究中心和昆明有色冶金设计研究院建筑分院组成的志愿者团队,在北京地球村环境文化中心的倡导和组织下,共同完成了大坪村灾后低碳重建。全村建造了120座生态屋,共花费360万元。

(1)平面形式——当地的建筑形态主要为双坡"一"字形建筑组成的"L"形及"U"形。因此在方案设计中建立了基本模块与多功能模块的基本单元。基本模块包括卧室、堂屋,多功能模块包括厨房、卫生间、阳光间、储藏室,村民可以根据自己的情况选择组合。

(2)模块组合——利用两种类型的不同模块可组合出多种满足村民需求的民居。在此基础上最终优选出三种基本的民居形式,分别适应三口之家(120 m²)、四口之家(150 m²)及五口之家(180 m²)居住。同时,还优选出来两种带有旅游接待功能的标准发展户型,作为风景旅游经济发展的示范户类型(图5-18)。

图5-18　生态民居聚落的建筑

3)瑞典萨拉文化中心

萨拉文化中心(图5-19)位于瑞典北部城市谢莱夫特奥,是集剧院、美术馆、画廊、公共图书馆、会议中心和酒店为一体的文化中心,于2021年落成开放。为了减少建筑的建造过程、建造材料以及建筑运行期间所产生的碳排放,建筑主要由生长在当地周边地区森林中的木材建造而成。

图 5-19　萨拉文化中心

萨拉文化中心的建筑设计融合了现代与自然元素,反映了瑞典对环境的深刻尊重与关怀。建筑采用了大量的玻璃和本地采集的木材,保证了室内光线的充足和视觉的通透性,同时也使整个建筑与周围的自然景观融为一体。建筑的屋顶部分采用了绿色屋顶设计,不仅美观,也有助于保持建筑的节能效果,减少雨水径流。

萨拉文化中心总建筑面积约 30000 m²,高度 75 m,是世界上已建成的第三高的木结构建筑。建筑由裙房及高层酒店组成,包含 6 个剧场、城市图书馆、画廊以及一家有 205 个房间的酒店、会议中心、餐馆和温泉水疗中心。从主楼 20 层屋顶的露台酒吧可以欣赏谢莱夫特奥城市及周边壮丽的景色。萨拉文化中心在推动当地文化发展方面发挥了重要作用。它提供了一个多样化的文化活动平台,提高了当地居民的文化生活质量,也吸引了大量的国内外游客,有助于提升城市的文化影响力和旅游吸引力。此外,文化中心还致力于促进文化教育,通过组织各种工作坊、讲座和互动活动,鼓励不同年龄段的居民参与文化创作和学习。瑞典萨拉文化中心是一个现代化且具有创意的文化设施,它通过其独特的建筑设计和丰富多彩的功能设施,有效地促进了当地及周边地区的文化交流和艺术创新。

3. 我国发展复合木结构建筑的制约因素与建议

我国发展复合木结构建筑的制约因素主要有如下几点:

(1)当前很多人概念中的木结构房屋是指能够看到木材材质的梁柱式建筑或原木建筑,而不是文中所指的新型木结构建筑。概念认识的不足导致人们对新型木结构建筑知之甚少,或者存在误解。

(2)认为木结构房屋有容易着火、不耐久、不牢固、不防潮、不防虫蚁等缺点,对于木结构房屋的认识还停留在中国老式传统木结构的概念上。

(3)从科研方面来看,我国对木质材料应用于住宅建筑方面的研究工作也都处于起步阶段,在发展具有中国特色的木结构建造技术和材料方面,我国还没有形成自己的知识产权。同时,由于目前在建的项目是全进口的木结构建筑,建筑设计、建造技术和所有的建筑材料也都是来源于国外,所以价格高昂、开发成本居高不下。另外,目前我国已建和在建的木结构建设项目没有考虑到当地的气候特征、土壤情况以及大众的审美情趣,有些木结构建筑的建筑外观和风格与周围其他建筑显得格格不入,很是突兀。这些情况也让新型木结构建筑在中国的市场受到很大限制。

(4)健全的标准和规范是保证木结构房屋质量、防止出现劣质建筑的必要条件。近几年,新型木结构建筑在我国有了一定的发展,促使我国出台了《木结构工程施工质量验收规范》CB50206—2002、《木结构设计规范》GB 50005—2003 和《木结构设计手册》(第三版),目前规范的修订还很不全面,缺乏木结构连接件等一系列的相关标准,这势必会影响大型木结构公共建筑在我国的发展。

基于上述结论,谨提出如下建议:

(1)从多方面、多途径改变人们对新型木结构建筑性能的错误认识,木结构住宅市场推广战略宣传的重点因该由房屋开发商和建造商转为广大的消费者。

(2)大力发展新型木结构建筑体系的科学技术,让建筑材料、设计及建造实现国产化,并建立完善的标准、法规体系。

(3)在现代木结构的发展初期优先考虑发展重木结构,尤其是胶合木结构建筑,建造一些造型优美、性能优越的公用建筑,拓宽人们的视野并改变人们对于木结构表现力弱的误解。

(4)注重对传统文脉的承续,因地制宜地发展我国新型木结构建筑体系。

5.1.3 模块化建筑体系

模块化建筑是一种在工厂内预制完成各个建筑单元或模块,然后将它们运输到建筑现场,通过堆叠和连接这些预制单元来构建完整的建筑。这些预制单元通常包括完整的电气、管道、装修等内部结构,甚至包括家具和设备。模块化建筑是一种以工厂化生产的盒子状构件组合而成的全装配式建筑,其独特之处在于将住宅分解为立体空间的单元体。每一个单元体都在工厂的流水线上进行生产,出厂时单元体内的墙体、楼板、设备、装修等所有构成物件都已经事先安装完毕。这种预制构件的生产方式不仅大大提高了建筑的生产效率,同时也确保了建筑质量的稳定性和一致性。在单元体生产完成后,它们会被运送到施工现场,这个过程非常迅速高效。一旦运到施工现场,只需简单地将单元体放置在指定位置,进行构件之间的连接、封缝以及连接各种管线等总体工序,数小时后,一栋住宅便可以从地面上拔地而起。这种建筑方式不仅节约了施工时间,减少了施工现场的噪音和污染,而且大大减少了施工过程中的人力和材料浪费。同时,由于工厂化生产可以更好地控制建筑材料的质量,因此模块化建筑的稳定性和耐久性也更加可靠。此外,模块化建筑还具有灵活性和可持续性。建筑模块可以根据需要自由组合,满足不同的空间需求和功能要求。而且,这种工厂化生产的模式可以有效地利用资源,减少能源消耗和碳排放,符合可持续发展的理念(如图 5 - 20)。单元式建筑作为一种先进的建筑模式,具有诸多优势,为现代城市化进程提供了一种高效、环保、灵活的解决方案。

图 5 - 20　模块化建筑生产线

随着技术的进步和建筑行业对效率和可持续性的需求日益增长,模块化建筑的应用预计将进一步扩展。智能制造、3D 打印和机器人技术的发展将使预制建筑单元的生产更加高效和个性化。此外,随着人们对环境问题的关注增加,模块化建筑因其节能和减少建筑废料的优点而成为一个越来越受欢迎的选择。预计未来单元式建筑将在全球范围内得到更广泛的应用,不仅改变建筑行业的运作方式,也为人们提供更多高质量、经济、可持续的居住和工作空间。

1. 模块化建筑的分类与生产过程

1)钢结构单元生产流程

钢结构单元生产流程通常分为以下几个主要步骤。第一,根据设计图纸和规格,工厂将准备生产所需的材料和设备。第二,使用预制模具和模板,在工厂内生产建筑单元的组件,包括墙板、地板、屋顶等。这些组件通常使用混凝土、钢结构或其他材料进行制造,并根据具体项目的要求进行定制。在生产过程中,质量控制非常重要,首先是材料采购,需要选择优质的钢材,包括钢管、型钢、钢板等,以确保单元的结构稳定和承载能力。接下来是预处理,包括对钢材进行清洗、除锈、喷漆等处理,以提高其表面的防腐性能。第三,加工制造,通过焊接、切割、折弯等工艺将钢材加工成所需的单元构件,如柱、梁、框架等。在加工过程中需要严格控制尺寸精度和质量,以确保单元的装配和使用性能。第四,对加工好的单元构件进行质量检测和验收,包括外观检

查、尺寸测量、焊缝检测等,以确保单元的质量符合标准和要求。

2)混凝土单元生产流程

混凝土单元的生产流程与钢结构单元有所不同,首先是材料采购,需要采购水泥、骨料、砂等原材料,并根据配方进行调配和搅拌。其次是预处理,需要对混凝土模具进行涂油、清洁等处理,以便于混凝土的浇注和成型(图5-21)。再次是浇筑和成型,将调配好的混凝土倒入模具中,并进行振捣和养护,使其达到设计强度和外观要求。在成型过程中需要注意控制混凝土的配比、振捣时间和温度等参数,以确保单元的质量和性能。最后是脱模和后处理,将成型好的混凝土单元从模具中取出,并进行修整、抛光等处理,使其表面平整光滑,达到美观和防水要求。

图5-21 混凝土的浇筑

3)木结构单元生产流程

木结构单元的生产流程通常包括以下几个步骤:首先是材料采购,需要选择优质的木材,包括板材、梁柱等,以确保单元的结构稳定和安全。其次是预处理,对木材进行除湿、干燥、防腐等处理,以提高其抗湿性和耐久性。再次是加工制造,通过切割、拼接、钉接等工艺将木材加工成所需的单元构件,如墙板、地板、梁柱等。在加工过程中需要注意控制尺寸精度和接口质量,以确保单元的装配和使用性能。最后是质量控制,对加工好的单元构件进行质量检测和验收,包括表面平整度、尺寸精度、连接牢固度等,以确保单元的质量符合标准和要求。

2.模块化建筑优缺点

1)优点

单元式建筑的主要优点之一是施工效率高和质量控制能力强。工厂预制的组件可以极大地减少现场施工时间和人力成本。工厂环境可有效减少施工过程中可能出现的误差和缺陷。这意味着单元式建筑可以高效率地完成,同时具有更高的质量水平。

单元式建筑的另一个显著的优点是其灵活性和可重复使用性。单元式建筑的组件可以根据具体项目的需求进行定制,因此能够适应各种不同的建筑设计和用途。而且,这些组件通常可以拆卸和重复使用,使得单元式建筑更加可持续和环保。

在成本方面,单元式建筑通常具有较低的总体成本。尽管在建造初期可能需要更高的投资,但由于其施工效率高和质量可控,总体成本通常会更低。此外,由于单元式建筑的组件可以定制和预制,可以更好地控制成本,并减少施工过程中的变化和额外费用。

单元式建筑还具有设计上的灵活性。每个单元盒子可以根据使用功能的不同进行内部分隔和布置,例如在住宅中可以将单元盒子划分为卧室、起居室、厨房、卫生间和楼梯间等功能区域(图5-22)。这种灵活性使得单元式建筑能够满足不同项目的特定需求,从而提高了其适用性和市场竞争力。

图 5-22 盒子式住宅

2) 缺点

单元式建筑也存在一些缺点。首先,由于其组件是在工厂内预制的,因此需要额外的运输和安装成本。这可能会增加项目的总体成本,并增加对运输和物流的依赖性。此外,由于单元式建筑的组件需要在现场组装,可能需要更大的施工空间和设备。

其次,单元式建筑的设计受到限制。由于单元式建筑的组件需要在工厂内生产,并且需要在现场组装,因此设计上可能受到一定的限制。这可能导致单元式建筑在形式和功能上缺乏创新性,难以满足一些复杂的建筑需求。

最后,单元式建筑可能面临审美和社会接受度的挑战。一些人可能认为单元式建筑缺乏个性化和独特性,不如传统建筑那样吸引人。一些社区可能会对单元式建筑产生负面反应,担心其可能影响周围环境和社区形象。在实施单元式建筑项目时,需要考虑如何平衡效益和社会接受度之间的关系。

3. 利用可再生材料的模块化建筑设计

在当代建筑行业,模块化建筑设计备受关注。模块化设计通过将建筑过程分解为可重复、标准化的模块,从而提高施工效率、减少浪费。这种方法不仅适用于住宅建筑,还在商业、教育和医疗等领域得到广泛应用。与传统建筑相比,模块化建筑设

计更加灵活,可以更快地响应市场需求和项目变化。

然而,当前建筑行业正面临着严峻的可持续性挑战,包括能源消耗、碳排放和资源浪费等问题。在这样的背景下,利用可再生材料来实现模块化建筑设计具有重要的意义和广阔的应用潜力。可再生材料,如竹木、生物复合材料和可再生纤维等,具有可再生性、环保性和低碳排放的特点,与模块化建筑设计理念相辅相成。将可再生材料与模块化建筑相结合,不仅可以降低建筑过程对有限资源的依赖,还有助于减少对环境的负面影响,推动建筑行业朝着更加可持续的方向发展。通过对可再生材料与模块化建筑设计的结合进行深入研究和探讨,我们可以为未来建筑的可持续发展注入新的活力和动力。

1)可再生材料在建筑领域的意义

当前,建筑行业面临着日益严峻的可持续性挑战。随着全球城市化进程的加速和人口增长的持续,建筑活动对能源、水资源和土地等自然资源的需求不断增加,同时也带来了大量的能源消耗、碳排放和废弃物产生。这些挑战不仅对环境造成了严重影响,还威胁着人类社会的可持续发展。因此,寻找可持续的建筑解决方案已成为当务之急。

在这样的背景下,利用可再生材料在建筑领域具有重要的意义。首先,可再生材料的使用可以显著降低建筑活动对有限资源的依赖。相比于传统的建筑材料,如水泥、钢铁等,可再生材料通常来源于可再生资源,如植物纤维、再生木材等,其生产过程对环境影响较小,且可以通过合理管理实现持续供应,有助于减少资源的枯竭和过度开采。其次,可再生材料具有较低的碳排放和环境影响。相比于传统材料的生产过程,可再生材料的生产通常能够减少能源消耗和温室气体排放,从而降低建筑活动对气候变化的负面影响。例如,利用竹木等植物材料可以实现更低的碳排放,同时促进森林资源的可持续管理和保护。此外,可再生材料的使用还有助于减少建筑废弃物的产生和处理。由于可再生材料通常具有较高的可降解性和可回收性,其在建筑使用结束后可以更容易地进行资源回收和再利用,减少了对垃圾填埋场和焚烧设施的需求,有利于降低建筑活动对环境的负荷。

因此,利用可再生材料在建筑领域实现了资源的有效利用、环境的保护和碳排放的降低,为建筑行业的可持续发展提供了重要的解决方案和发展方向。

2)模块化设计与可再生材料的融合

(1)可再生材料的应用。可再生材料如竹木、生物质纤维板等具有良好的可塑性和可加工性,非常适合用于模块化建筑设计中的构件制造。利用可再生材料替代传统的建筑材料,不仅有助于降低建筑的碳排放,还可以减少对非可再生资源的依赖,提升建筑的可持续性。

（2）生产工艺与环保标准。在模块化建筑设计中,应注重可再生材料的生产工艺和环保标准。通过采用环保生产工艺,最大限度地减少能源消耗和污染排放,确保可再生材料的环境友好性。同时,建立健全的环保标准和认证体系,推动可再生材料在模块化建筑设计中的广泛应用。

（3）技术创新与合作发展。促进可再生材料与模块化建筑设计的融合还需要技术创新和产业合作。建立跨学科的研发团队,推动材料科学、建筑工程等领域的交叉合作,共同开发具有良好性能和经济可行性的可再生材料模块化构件,推动可再生材料在建筑行业的广泛应用。

通过模块化建筑设计与可再生材料的融合,可以实现建筑行业的可持续发展目标,促进资源有效利用、环境保护和碳排放的降低。未来,随着技术的不断进步和产业的不断发展,可再生材料与模块化建筑设计的融合将会取得更加显著的成果,为建筑行业的可持续发展贡献更大的力量。

3）可再生材料在模块化建筑设计中的实践

将可再生材料应用于模块化建筑设计中,需要综合考虑多个设计因素以确保建筑的可持续性、质量和功能性。首先,在材料选择方面,应当重点考虑可再生材料的可塑性、耐久性和环境友好性。例如,竹木等天然可再生材料具有优良的力学性能和抗压强度,适合用于模块化建筑设计中的结构支撑和装饰面板。其次,在工艺技术方面,需要结合模块化生产的特点,采用适合可再生材料的加工工艺,确保模块化构件的精准度和质量稳定性。例如,利用先进的数控加工技术和激光切割技术,可以实现对可再生材料的精细加工和定制化生产,提高模块化构件的生产效率和质量控制水平。

最后,在建筑结构方面,需要结合可再生材料的特性和工艺要求,设计出符合建筑功能和安全标准的模块化结构。例如,在模块化建筑设计中,可以采用框架结构和板壳结构相结合的设计方案,充分利用可再生材料的抗拉性能和耐候性,确保建筑结构的稳定性和耐久性。综上所述,将可再生材料应用于模块化建筑设计中,需要综合考虑材料选择、工艺技术和建筑结构等多个设计因素,以实现建筑的可持续性和功能性。

4）可再生材料模块化建筑的未来前景

可再生材料与模块化建筑设计的结合在未来具有巨大的发展潜力。首先,随着可再生能源和环保意识的日益增强,人们对建筑材料的选择更加倾向于可再生与环保。可再生材料如竹木、生物质复合材料等不仅可以有效减少对有限资源的依赖,还

能降低建筑的碳排放和环境负荷。与此同时,模块化建筑设计的快速发展为可再生材料的应用提供了广阔的市场和机遇。模块化建筑的工厂化生产和快速组装特性与可再生材料的加工工艺和特性相辅相成,可以实现高效的生产和施工,推动建筑行业向更加可持续和环保的方向转变。

然而,可再生材料与模块化建筑设计的结合也面临着一些挑战。其中之一是技术和工艺方面的挑战。虽然可再生材料具有潜力成为建筑行业的主要材料之一,但其性能与传统建筑材料相比仍有一定差距,需要进一步研发和改进。此外,模块化建筑的设计和生产需要高度的工程技术和管理水平,以确保模块之间的连接、结构稳定性和施工质量。因此,技术创新和人才培养将是未来发展的重要方向之一。

可再生材料与模块化建筑设计的结合尽管存在挑战,但未来仍然充满机遇。随着技术的不断进步和市场需求的不断增长,可再生材料的应用范围将不断扩大,涵盖更多领域和应用场景。同时,随着全球可持续发展目标的提出和推动,政府、企业和社会将更加重视可再生材料和模块化建筑设计的发展,为其提供更多政策支持和市场机遇。因此,未来可再生材料与模块化建筑设计的结合将成为建筑行业发展的重要趋势之一,为实现可持续建筑和可持续城市发展做出重要贡献。

4.集装箱模块化建筑

1)集装箱建筑单元结构

(1)集装箱结构单元。集装箱结构单元(图5-23)作为模块化建筑的基本组成部分,具有标准化和通用化的特点,这使得它们在建筑领域中具有广泛的应用前景。集装箱结构单元通常由钢质材料构成,具有优异的承载能力和耐久性,能够抵御各种恶劣环境条件的侵蚀,确保建筑物的稳固性和持久性。标准尺寸的集装箱通常为6 m

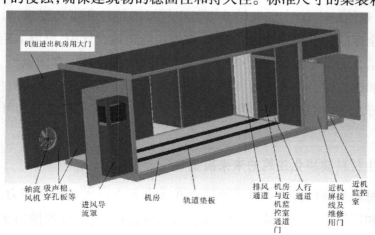

图5-23 技术中心集装箱结构

或 12 m 长,2.4 m 宽和 2.6 m 高,这种标准化尺寸使得集装箱之间可以方便地进行堆叠和组合,从而实现快速搭建和灵活布局。

集装箱结构单元的标准化尺寸不仅使得其易于运输和堆放,同时也为设计者提供了更多的创意空间。设计师可以根据实际需求和场地条件,灵活地组合多个集装箱单元,打造出各种形式和功能的建筑物,如住宅、办公室、商铺等。此外,集装箱结构单元的模块化特性也为建筑的后期维护和改造提供了便利,可以根据需要随时增减模块或进行重新布局,实现建筑的灵活性和可持续性发展。

总的来说,集装箱结构单元作为模块化建筑的基本单元,不仅具有优秀的结构性能和耐久性,而且具备标准化、通用化和灵活性等诸多优势,为现代建筑设计和施工带来了全新的可能性,推动着建筑行业朝着更加智能、节能、环保的方向发展。

(2)连接结构。连接结构在集装箱模块化建筑中扮演着至关重要的角色,它负责将多个集装箱单元有机地连接在一起,形成稳固的整体结构。这种连接结构的设计与实现直接影响着建筑物的安全性和稳定性。在实际应用中,连接结构可以采用多种形式,其中最常见的包括钢制框架、焊接连接和螺栓连接。

钢制框架连接是一种常见且有效的连接方式,通过钢材框架将多个集装箱单元固定在一起,形成整体框架结构。这种连接方式具有强大的承载能力和抗震性能,适用于大型建筑物或需要额外支撑的场景。焊接连接则是通过焊接技术将集装箱单元直接连接在一起,形成坚固的连接点。焊接连接的优点在于连接牢固、结构简洁,但需要专业的焊接技术和设备来确保连接质量和安全性。螺栓连接,即通过螺栓将集装箱单元连接在一起。螺栓连接具有安装方便、拆卸灵活的特点,适用于需要频繁拆装或调整的场景。同时,螺栓连接也能够提供良好的连接稳定性和结构强度,确保建筑物在使用过程中的稳定性和安全性。

综合来看,连接结构作为集装箱模块化建筑的重要组成部分,承担着连接和支撑集装箱单元的重要任务。不同的连接方式具有各自的优缺点,建筑设计者需要根据实际需求和场地条件选择合适的连接方式,以确保建筑物具备良好的结构稳定性和安全性。

(3)屋顶和地基结构。集装箱模块化建筑的屋顶结构扮演着保护建筑内部和提供舒适环境的重要角色。在设计中,可以采用多种材料来构建屋顶结构,其中包括钢架结构、混凝土板和彩钢板等。钢架结构通常被用于支撑大跨度的屋顶,具有轻量化和强度高的特点,适用于需要额外支撑的场景。混凝土板则常用于覆盖较小面积的屋顶,具有优异的防水性能和耐久性,适用于长期使用的建筑项目。而彩钢板则是一种经济实用的屋顶覆盖材料,具有轻便易施工的特点,常用于临时建筑或轻型建筑项目中。

地基结构是集装箱模块化建筑的基础支撑系统,直接影响着建筑物的稳固性和抗震性能。地基结构通常包括地基支撑、混凝土基础或钢筋混凝土基座等组成部分。地基支撑是地基结构的基本组成部分,用于分散建筑物的荷载,减轻对地基的压力。混凝土基础是一种常见的地基结构形式,通过混凝土浇筑形成坚固的基础支撑,适用于各种地质条件和建筑规模。而钢筋混凝土基座则是在混凝土基础的基础上加入钢筋,提高地基结构的承载能力和抗震性能,常用于高层建筑或地质条件较差的地区。

(4)内部隔间结构。集装箱模块化建筑内部的隔间结构是为了有效划分空间、提供私密性和功能分区而设计的关键组成部分。隔间结构的设置可以根据实际需要,将整个建筑内部划分为不同的功能区域,如起居区、卧室、厨房、卫生间等,以满足居住者的生活需求。隔间结构通常采用轻质隔墙、钢架隔墙或其他材料构建,具有快速安装、灵活性强的特点,可以根据实际需求进行调整和改变,适用于不同空间布局和设计风格的建筑项目。

轻质隔墙是集装箱模块化建筑中常见的隔间结构形式之一,采用轻质建筑材料如石膏板、轻钢龙骨等搭建,具有重量轻、施工速度快的优点,适用于临时建筑或需要频繁改动的场所(图5-24)。钢架隔墙则是利用钢材构建的隔间结构,具有较高的承载能力和稳定性,适用于需要更强结构支撑的场所,如高层建筑或公共设施(图5-25)。除此之外,还可以根据具体需求选择其他材料构建隔间结构,如木质隔墙、玻璃隔墙等,以满足不同的装修风格和功能需求。

图5-24 轻质隔墙板

图5-25 钢架隔墙板

在集装箱模块化建筑的设计和施工过程中,隔间结构的合理设置和设计对于提升建筑内部空间利用率、提高居住舒适度具有重要意义。通过选择适合的隔间结构形式,并根据实际需求进行布局和装修,可以有效实现空间的灵活利用和功能的合理分区,为居住者提供舒适便利的居住环境。

2)外部装饰和设施

集装箱模块化建筑的外部装饰在美化建筑外观的同时,也扮演着保护建筑结构和提升环境适应性的重要角色。常见的外部装饰材料包括彩钢板、木板和玻璃幕墙等,它们不仅具有丰富的色彩和质地选择,还具有耐候性强、易清洁等优点,适用于各种气候和环境条件下的建筑项目。彩钢板作为一种经济实用的外墙材料,常用于集装箱模块化建筑的外部装饰,具有耐腐蚀、耐磨损的特点,适用于户外环境和临时建筑项目。木板外墙则具有自然质感和温暖的触感,常用于注重环保和舒适性的建筑设计中,能够营造出温馨自然的居住氛围。而玻璃幕墙则是一种透明轻质的外墙装饰材料,能够有效增加建筑内部的采光和通风,提升建筑的整体美感和空间质量。

建筑内部的设施设备是确保建筑正常使用和提升居住舒适性的重要组成部分。电气系统、水暖系统和通风系统等设施设备在集装箱模块化建筑中起着至关重要的作用,它们为建筑提供了必要的能源供应和舒适的室内环境。电气系统包括电力配线、照明设备等,用于提供电力供应和照明功能,保障居住者的生活便利和安全。水暖系统则包括给排水管道、水龙头、马桶等设备,用于供水和排水,保障建筑内部的卫生条件和生活用水需求。通风系统包括排风扇、通风口等设备,用于调节室内空气流通,提高室内空气质量和舒适性。这些设施设备的合理设计和布局,对于保障建筑的正常运行和居住者的生活品质具有重要意义。

集装箱模块化建筑的外部装饰和设施设备是建筑物外观美观和内部功能完善的关键要素。通过选择合适的外部装饰材料和设施设备,并进行合理的设计和布局,可以有效提升建筑物的环境适应性和居住舒适性,满足不同场景和需求的建筑设计要求。

3)生产工艺

在集装箱模块化建筑的生产过程中,还存在一些值得深入探讨的工艺和技术细节。例如,对于集装箱的改造和装饰,需要考虑到建筑的结构安全性、隔热隔音性能以及装饰效果。在清洁、修理和改造阶段,可能涉及集装箱的钢结构加固、防水处理、防腐涂装等工艺,以确保其在各种环境条件下都能够稳固耐用。在内部布局设计阶段,需要充分考虑到空间利用效率、通风采光、排水系统等因素,确保建筑内部的舒适度和功能性。此外,在建筑组件的预制和装配过程中,还需要精密的加工和安装技术,以确保各个组件之间的连接紧密、结构稳固。总体而言,集装箱模块化建筑的生产工艺需要综合考虑建筑结构、功能需求和工程技术,确保最终建筑符合设计要求和标准。

4)设计特点

除了模块化、可移动和可重复利用等基本特点外,集装箱模块化建筑还具有一些独特的设计特点。例如,由于集装箱本身具有固定的尺寸和结构,因此设计师可以在这个基础上进行创意设计,实现各种形式的建筑空间。同时,集装箱模块化建筑也可

以与其他建筑材料和结构相结合,创造出更加多样化和复合化的建筑形式。此外,集装箱建筑还具有较好的环境适应性,可以在各种地理环境和气候条件下使用,例如沙漠、高原、极地等。这些设计特点使得集装箱模块化建筑在不同的应用场景中都能够发挥其独特的优势,为人们提供更加丰富和多样化的建筑选择。

5)应用领域的广泛展示

集装箱模块化建筑的应用领域非常广泛,涵盖了住宅、办公、商业、教育、医疗等各个领域。在住宅方面,集装箱模块化建筑可以用于临时住宿、移动居所、度假别墅等,满足人们对于快速搭建、经济实惠的住房需求。在办公方面(图5-26),集装箱模块化建筑可以用于临时办公室、工地办公室、创意园区等,为企业提供灵活的办公空间。在商业方面,集装箱模块化建筑可以用于展览展示、商店零售、餐饮咖啡等,为商业活动提供便捷的临时性场所。此外,集装箱模块化建筑还可以用于教育机构、医疗设施(图5-27)、文化艺术等领域,为社会提供多样化的公共服务和文化活动场所。总体而言,集装箱模块化建筑的广泛应用使其成为一种具有巨大发展潜力和市场前景的建筑形式。

图5-26　集装箱建筑工厂　　　　图5-27　集装箱发热门诊

5.模块化建筑的案例研究

1)花莲星巴克咖啡店

花莲星巴克咖啡店(图5-28)是一座独具特色的建筑,它不仅是亚洲首家集装箱咖啡馆,更是日本著名建筑师隈研吾"负建筑"设计理念的生动体现。隈研吾将集装箱交错堆叠,摒弃传统建筑的束缚,创造出了一种全新的空间体验。从远处望去,这座咖啡店宛如一座由巨型积木搭建而成的塔楼,引人注目,充满了趣味和想象空间。

在咖啡店内部,随处可见的原木材质和简约现代的家具设计,与外部建筑风格相得益彰,营造出舒适轻松的用餐氛围。顾客们可以在这里品尝到星巴克独特的咖啡,同时感受到与自然和文化的紧密联系。

总体而言,花莲星巴克咖啡店不仅是一座具有创意和设计感的建筑,更是一座融合了现代与传统、文化与自然的城市地标,为游客们带来了一次独特而难忘的体验。

图 5 – 28　花莲星巴克咖啡店

2) 荒野中的约书亚树形住宅

约书亚树形住宅的设计理念源于对自然环境的尊重和保护。建筑师们以约书亚树为灵感,将其形态与结构融入建筑设计中,使建筑物在荒野中如同自然生长的一样。这种设计理念强调与自然的和谐共生,通过最大限度地保留原始植被和地形,使建筑与周围环境相融合,减少对自然资源的破坏。同时,约书亚树形住宅也追求舒适和实用性,结合现代建筑技术和材料,为居民提供舒适、安全的居住环境。

约书亚树形住宅的结构特点主要体现在其与自然环境的密切联系和独特的外观设计上。建筑师们充分利用现代建筑技术,将建筑物融入自然地形中,采用轻型材料和模块化设计,使建筑结构更加灵活,适应性更强。同时,约书亚树形住宅的外观设计独具特色,采用曲线和流线型的造型,模仿约书亚树的树干和树冠,使建筑物在荒野中独具一格,与周围环境和谐统一(图 5 – 29)。

图 5 – 29　荒野中的约书亚树形住宅

约书亚树形住宅的建造对周围环境有着积极的影响。首先,它能够减少对自然资源的消耗,尽量保留原始植被和地形,减少土地开垦和水土流失等现象。其次,约书亚树形住宅的设计采用了多种环保材料和节能技术,降低了能源消耗和碳排放,减少了对环境的污染。最后,约书亚树形住宅的建造还能够促进当地经济发展,提高就业机会。

综上所述,荒野中的约书亚树形住宅不仅是一种建筑创新,更是一种对自然环境的尊重和保护,它将自然与人类生活相结合,为人们带来独特的居住体验,具有重要的环境和社会意义。

5.2 工业化建筑相关实践

5.2.1 南京陆郎"农民新村"混凝土住宅相关实践

南京陆郎"农民新村"试验房为钢网构架混凝土结构住宅体系示范工程,于2008年6月动工,同年12月结构封顶(图5-30至图5-37)。此项目是南京市政府推出的一项重要工程,旨在改善农村地区的居住条件,提高农民的生活品质。该项目采用了先进的工业化建造技术和创新的设计理念,致力于为农民提供现代化、舒适、可持续的住房环境。

图5-30 基础施工

图5-31 夯筑钢筋

图5-32 墙体施工

图5-33 混凝土浇筑

图5-34 上部结构施工

图5-35 楼板施工

图 5-36　火车运送

图 5-37　工程竣工

陆郎"农民新村"试验房项目是在中国城乡一体化发展战略的背景下启动的。其主要目标是通过建设现代化的住房和配套设施，改善农民的居住环境，促进农村社区的发展和提升农民的生活水平。此项目采用工业化建造的方式，即采用预制构件和模块化设计，以实现建筑过程的标准化、规模化和快速化。这种建造方式不仅可以提高建筑质量和效率，还可以减少施工周期和成本，从而更好地满足农民的住房需求。

试验房的设计不仅考虑了农民的实际需求和生活习惯，更是注重了功能性和实用性的融合。内部布局合理，采光通风良好，为农民提供了舒适的居住环境。与此同时，设计师还充分考虑到了节能环保和可持续发展的重要性，采用了环保材料和节能设备，以减少能源消耗和污染排放。

除了住房本身，项目还着重关注社区配套设施的建设。公共活动场所、文化娱乐设施、教育和医疗资源等设施的建设，为农民提供了更加完善的生活服务，进一步提升了居民的生活品质。

南京陆郎"农民新村"试验房项目不仅具有示范效应，还能为其他地区的类似项目提供宝贵的经验和借鉴。项目的成功实施和运营将推动工业化建造技术在农村住房领域的广泛应用，有力促进了农村社区的现代化和可持续发展。

5.2.2　日本木结构住宅建筑相关实践

日本的木结构住宅生产与组装经验丰富，其工艺和技术水平在全球范围内备受称赞。设计阶段,设计师根据客户需求和地理环境,制定木结构住宅的设计方案。在工厂中,木材被预先加工和制造成各种构件,如墙板、梁柱、地板等。这些构件通常采用计算机辅助设计(CAD)和计算机数控(CNC)加工技术,以确保精确度和质量。预制的构件被运输到施工现场,然后由专业的施工团队进行组装。由于构件已经在工厂中进行了预制和加工,因此现场施工时间大大缩短,从而减少了施工期间的不便和成本。在组装完成后,进行质量检验以确保结构的稳固性和安全性。如发现任何问题,会及时进行调整和修复。木结构住宅的内部装饰和装修工作在组装完成后进行。这包括内墙装饰、地板铺设、门窗安装等工作,以及电气、水暖等设施的安装。

　　总的来说,日本木结构住宅的生产与组装过程高度工业化和标准化,注重质量和效率。通过预制构件和现场组装相结合的方式,使得木结构住宅在施工过程中能够快速、精准地完成,同时也保证了建筑的安全性和耐久性。

1. AEAJ Green Terrace 项目

　　隈研吾建筑事务所设计的东京 AEAJ Green Terrace(图5-38)是一座复合木结构建筑,也是一座香薰体验设施。该建筑中展现了建筑与自然的和谐对话,设计师试图在建筑中表达用芳香的力量促进身心健康。

图5-38　东京 AEAJ Green Terrace

　　隈研吾以对天然材料的巧妙运用而闻名,在这座新建筑的结构中也毫无例外地展示了他的独特风格。这座三层建筑选用了色调温暖的杉木和柏木,木材全部来自日本国内的可持续发展森林。纤细的横梁交错纵横,在室内织成格,让人联想到日本传统的细木工工艺。格子(图5-39)的存在也为室内创造了迷人的光影关系,大落地窗和屋顶露台将室内与周围的绿色植物和城市美景连接在一起,模糊了建筑环境与自然环境之间的界限。

　　隈研吾建筑设计事务所的团队进一步设计了复杂的木结构,以增强游客的嗅觉体验。建筑本身就像一个巨大的扩香器,木材的多孔性可以巧妙地释放出整个设施中使用的精油。柔和的通风系统进一步散发香气,创造出一个不仅让鼻子,而且让身心都参与其中的多感官之旅。室内布局强化了对感官探索的重视。

图 5 - 39　室内格子结构

2. MUJI 住宅（无印良品住宅）

MUJI 住宅是由日本知名品牌 MUJI 推出的一系列工业化住宅产品（图 5 - 40、图 5 - 41）。MUJI 住宅以简约、实用和环保为设计理念，采用了工业化建造的模式，通过预制构件和模块化设计来实现快速、高效的建造。这些住宅不仅外观简洁大方，内部空间设计也十分灵活，可以根据客户的需求和喜好进行定制。MUJI 住宅的特点包括高质量的建筑标准、可持续发展的设计理念以及舒适实用的居住体验，受到了日本和全球消费者的青睐。MUJI 风，也被称为原木风或者无印良品风，其设计理念起源于日本本土的和式文化，受到盛唐时期佛教禅宗文化的影响，形成了"侘寂"的禅宗思考与信仰。这种风格追求返璞归真、幽静朴素、删繁就简，体现了追求内涵的设计理念。在现代早期的日本，以柳宗理为代表的设计师，将西方包豪斯的设计理念带回了日本，并与日本本土的传统设计相融合，形成了 MUJI 风。这种风格结合了包豪斯的功能主义和日本的和式禅意，发展成了一种体现禅境虚空、侘寂空灵的设计风格，追求朴素、自然、质感、静谧的设计理念和特点，通过空间的减法设计、自然干净的线条感，营造极简朴素的视觉感受。

图 5 - 40　MUJI 住宅外观　　　　　　图 5 - 41　MUJI 住宅内饰

第 6 章

工业化建筑部品中的新技术

6.1 工业化建筑部品中的新技术概述

6.1.1 新型工业化建筑背景

目前我国推进新型工业化建筑发展,是在新的历史条件下要完成基本实现工业化建筑的任务。历史的发展、科学技术的进步和我国的基本国情,决定了建筑业不能再走"大量建设、大量消耗、大量排放"的传统粗放的发展道路,通过走新型工业化建筑道路来夯基垒台,解决目前建筑业长期的大而不强,产业基础薄弱、产业链协同水平不高、产业组织碎片化以及价值链断裂等突出问题。

与此同时,以信息技术为代表的新科技革命和新型建造方式迅猛发展,又使我国建筑业把信息化与工业化建筑深度融合成为可能。从我国建筑业的国情出发,根据信息时代实现工业化建筑的要求和有利条件,在朝着社会主义现代化强国目标迈进的历史进程中,坚持以信息化带动工业化建筑,以工业化建筑促进信息化,走出一条科技含量高、经济效益好、资源消耗低、环境污染少、人力资源优势得到充分发挥的新型工业化建筑道路。

6.1.2 新型工业化建筑技术发展现状

自从改革开放政策实施后,我国工业建筑施工技术发展越来越快,技术难度也在不断增大,安全性在一定程度上也有所提高,但和国外发达国家相比还有很大差距。因此需要我国相关专家对工业建筑施工技术进行研究,不断开发出新型技术,从而推动我国建筑业的发展。

1. 3D 打印技术

3D 打印技术可以通过 CAD 设计软件将建筑设计图进行 3D 打印,使得所有组件直接制造出来,并且完全符合设计标准。这一技术既提高了建筑的精度和质量,又大大节约了工人的时间和人力。在应用领域方面,3D 打印技术已经渗透到各个行业,如航空、医疗、汽车、建筑、教育等。此外,随着技术的进步,3D 打印的材料也变得越来越丰富,从塑料到金属、陶瓷等,为不同领域的应用提供了更多选择,3D 打印技术的产业化现状呈现出迅速发展的趋势。

随着科研人员对 3D 打印技术的不断探索和研究,未来将会有更多创新性的技术出现。例如,金属粉末打印、高精度光固化等技术的出现,大大拓展了 3D 打印技术的应用范围,3D 打印技术的产业化程度也将不断提高。

2. BIM 技术与建筑碳排放计量

随着绿色建筑进一步发展,建筑碳排放计量是必要的,BIM 技术为建筑碳排放科学计量提供了新的平台。

BIM 技术,即建筑信息模型技术。这种技术的应用,使得建筑行业在碳排放管理方面取得了显著的进步。通过 BIM 技术,可以对建筑的全生命周期碳排放数据进行智能化、可视化、精细化监督管理,包括设计、制造、装配信息等各个方面。这不仅为建筑行业的绿色低碳转型提供了数据支持,还推动了国家"双碳"目标的实现。此外,BIM 技术还展示了其在智能建造领域的"黑科技",如中国建筑智慧建造平台、装配式构件智能生产线、建筑机器人等,这些技术的应用重点聚焦于数字化设计、工业化生产、智能化施工、信息化管理等方面,为建筑行业的转型升级提供了强大的技术支持。

3. 绿色建筑的信息化与工业化

目前国内外关于绿色建筑的评价体系基本可以分为两类:市场导向型及技术导向型。市场导向型评价方法简单、易操作,但较为粗放,定量标准少;技术导向型则正好相反。在绿色建筑认识发展的初期阶段,市场导向为主的评价体系发挥了重要作用。我国建筑业经过多年的高污染、高耗能、低质量、低效率发展,原有的粗放型建筑建造方式远不能适应新时期建设的需要,因此,需要寻求全新的设计建造模式,实现建设的快速高效和绿色环保,以缓解国家经济和环境的巨大压力。

信息技术成为绿色建筑再发展的主要驱动力。根据各国的相关调查结果显示,信息化的介入可以将施工工期缩短 15%;将建筑市场带入互联网,可以节约 30% ~ 35% 的项目成本。信息技术与工业化建筑的结合,将成为绿色建筑再发展的重要途

径,为我国建筑行业整体实现跨越式发展提供新的契机。

6.2 3D打印建筑技术在工业化建筑中的应用

6.2.1 3D打印建筑技术概述

1. 3D打印技术

3D打印技术又称为三维打印技术,与传统的打印技术不同,它打印出来的是实物模型,而传统打印机打印出来的是图纸。3D打印技术(图6-1)是以粉末状金属或塑料为原料,以数字模型为基础,利用逐层打印方法打印出不同形状的实物的一种技术。它既能降低生产成本又能提高生产效率,有效降低成本是3D打印技术最大的特点,另外,3D打印技术还能大幅度节省工作时间。

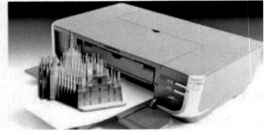

图6-1 3D打印技术

在国际上,3D打印技术已成为一种发展潮流。在设计领域特别是在工业设计上更是被广泛应用,只要这些行业需要模型或原型,就可以通过3D打印机打印出来,如灯罩、身体器官、赛车零件以及为个人定制的手机、小提琴、高跟鞋等(图6-2)。近年来3D打印机在建筑设计领域和房屋建造上更是以其突出优势得到越来越多专业人员的青睐。

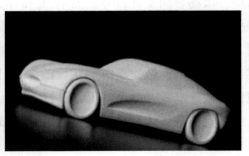

图6-2 3D打印作品

2. 3D打印建筑技术

3D打印建筑技术集成了计算机、三维扫描、三维打印、快速成型等新技术新观念，它代表了快速、高效、自动化、机械化的新建筑模式，极大程度上实现了节约、绿色、低劳动强度、文明施工。

3D打印建筑技术是一种利用分层堆积的基本原理，采用工业机器人逐层重复铺设材料层构建自由形式的建筑结构的新兴技术。当前的3D打印建筑技术主要有三种：D型工艺（D-shape）、轮廓工艺（contour crafting）和混凝土打印（concrete printing）。其中最具代表性的"轮廓工艺"是美国南加州大学Behrokh Khoshnevis教授发明的一种混凝土3D打印法。该方法通过三维框架式打印机，以其空间内部任意移动的挤出头对材料进行挤出式打印，实现材料的逐层叠加，进而成型构件。目前广泛运用于建筑建造行业的3D打印混凝土技术正是起源于轮廓工艺。

3D打印建筑的机械原理主要涉及打印平台、喷嘴、XYZ轴等关键部件，通过层层堆叠材料实现建筑物的构建（图6-3、图6-4）。

打印平台：承载材料的部分，通常由金属或玻璃材料制成，具有良好的耐磨性和平整性。在打印过程中，打印平台会向上移动，使喷嘴可以在其表面上喷出材料，一层层堆叠构成3D模型。

喷嘴：3D打印机的核心部分，由热端和冷端组成。喷嘴通过热端将材料加热至熔化点，并通过冷端进行细致控制，保持材料稳定喷出，从而形成高精度的打印结果。

XYZ轴：控制喷嘴沿着三个方向（X、Y、Z）进行移动的部分。这个部分的精准度和控制性能决定了整个打印结果的精度和质量。

3D打印的原理可以概括为三个步骤：首先，通过软件建立3D模型并进行切片处理；其次，喷嘴通过加热将材料熔化并通过精确控制喷出；最后，XYZ轴控制喷嘴的移动路径，实现层层堆叠，最终构建出完整的建筑物。

此外，3D打印建筑的技术还包括就地取材，制造打印"油墨"，直接打印出整栋房子，这种技术不仅节省时间和人力成本，还能减少材料浪费，为建筑行业带来革命性的变化。

图6-3　3D打印机动作原理

图6-4　3D打印建筑的单层厚度及墙面凸凹

3. 发展前景

党的十八大以来,党中央、国务院提出了创新、协调、绿色、开放、共享的发展理念及国家大数据战略、"互联网 +"行动等一系列重要举措,大力推进大数据技术、云计算技术、物联网技术、3D 打印技术、智能化技术发展,塑造建筑业新业态。3D 打印与BIM 技术,成为建筑业发展战略的重要组成部分,也是建筑业转变发展方式、提质增效、节能减排、绿色发展的必然要求。

3D 打印技术拥有广阔的发展前景,中国以其领先全球的 3D 打印建筑技术,从现有的建筑模型、建筑装饰、构架配件、小型房屋向完整的房屋体系发展;从实验室和学术理论,逐步走入打印 + 装配,再到一次打印一次成型的探索之路。根据国际国内建筑业发展现状,预计在未来的 10 ~ 20 年内,3D 打印在建筑领域上的应用或将逐步替代当下传统粗放的建筑技术,即便不能完全替代传统建筑方式,也将是新技术与传统工艺更深层次融合的补充。

6.2.2　3D 打印建筑技术原理

3D 打印建筑技术是一种利用 3D 打印机逐层堆积材料来制造建筑物的技术。其基本原理是将数字模型文件分解为若干个二维的层面,然后通过 3D 打印机将可黏合的材料(如混凝土、塑料等)逐层堆积,最终形成三维的实体建筑。3D 打印机可以根据设计师的意图,精确地控制材料的流动、分布和固化,从而实现各种形状和结构的建造。这种技术不仅带来了快速、低成本、定制化的房屋建造方案,更在实用价值上达到了新的高度。

3D 打印建筑可以使用不同的材料,根据其性能和特点,可以分为以下几种类型:

(1)混凝土。混凝土是最常见的 3D 打印建筑材料,由水泥、沙子、水和其他添加剂组成,具有强度高、成本低、耐久性好的优点,但也存在干缩裂缝、表面粗糙等缺点。

(2)塑料。塑料是一种由可回收的塑料或生物塑料组成的 3D 打印建筑材料,具有重量轻、可塑性强、色彩丰富的优点,但也存在耐候性差、易燃等缺点。

(3)废料。废料是一种由各种废弃物如金属、纸制品、玻璃纤维等组成的 3D 打印建筑材料,具有资源利用率高、减少污染的优点,但也存在质量不稳定、难以控制等缺点。

(4)黏土。黏土是一种由土壤、水和其他有机物组成的 3D 打印建筑材料,具有就地取材、节约能源的优点,但也存在干燥时间长、易开裂等缺点。

1. 轮廓工艺

比赫洛克·霍什内维斯发明的"轮廓工艺"是一个大尺度的建造过程,目标是实现整个结构和附属构件的自动化建造。据比赫洛克·霍什内维斯教授介绍,"轮廓工艺"其实就是一个超级打印机器人,外形像一台悬停于建筑物之上的桥式起重机,两边是轨道,而中间的横梁则是"打印头",横梁移动进行 X 轴和 Y 轴的打印工作,然后一层层将房子打印出来。

　　轮廓工艺 3D 打印技术目前已经可以使用混凝土作为材料,按照设计图的预先设计,利用 3D 打印机喷嘴喷出高密度、高性能混凝土,逐层打印出一道道墙壁和隔间、装饰等,再利用机械手臂完成整座房子的基本架构,全程由计算机程序操控。为了节省建筑材料,轮廓工艺机器人打印出来的墙壁是空心的,虽然质量轻,但它们的强度系数远远超过了传统房屋的墙壁,而且节省了 25% 的资金、30% 的材料和一半人工。轮廓工艺不仅可负责打印外墙,铺地板、水管、电线,甚至连上漆、贴墙纸也一手包办,但它并不能完全取代工人。住宅建筑的许多部分,诸如水电、供热管道、门窗和吊顶等仍需要借助人力手工完成安装(图 6 - 5)。

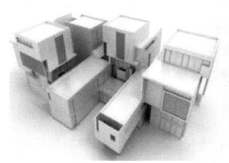 

图 6 - 5　轮廓建筑工艺作品

2. 增材叠加技术

　　在上海张江高新青浦园区,陈列了 10 栋别墅毛坯房,其中最大的一幢两层建筑长 10 m、宽 6 m、高 4 m。和普通别墅不同,这些房子总共只花费了 24 个小时建成,而且是整栋打印。别墅的建造者是上海盈创装饰的 3D 超级打印机,所使用的技术为"增材叠加"(图 6 - 6)。

图 6 - 6　增材叠加

　　增材叠加技术的工作原理与切削原材料的传统建材制造方法相反,属于逐层增材制造物件。3D 打印机将快速成型的可黏合材料连续"吐"出,层层堆叠形成了

一面墙。3D 打印的墙体是中空的,为了加固墙体,墙内又喷制了一些"W"形的斜梁。打印建筑的流程是连续的,喷嘴将"墨水"黏结剂浇洒到数据对应区域,砂石材料会在24 小时内完成固化。整个打印都是从底部开始,逐层往上,每次升高 5 ~ 10 mm。电脑制作的 3D 模型为此提供样板,操作人员可以预留门、窗等部件的位置,水电等管线可以在空心墙体中自由布置。

3. 材料挤出技术

此技术在应用中主要就是利用喷嘴挤压材料逐层沉积。这种技术在应用中要在高温喷嘴中挤出沉积的材料,因此也称之为熔融沉积成型技术,在建筑行业使用的3D 打印多基于这种技术。

4. 黏合剂喷射技术

此技术与材料挤出技术原理相反,在处理中主要就是将黏合剂作为主要的油墨材料,根据实际状况选择性地喷射到每一层的粉末材料中,将其与粉末黏合在一起,实现一层一层的沉积成型。此技术在应用中具有成型速度快的优势,可以实现彩色打印且无须额外的支撑结构,其主要是在高精密度零部件打印中应用。

5. 粉末床熔融技术

粉末床熔融技术是一种通过激光束、电子束或其他热源将金属粉末熔化成固体构件的制造技术。这种技术主要就是在建筑的金属以及玻璃构件中应用,可以有效提高建筑材料的利用率,生产效率较高。

6.2.3　3D 打印建筑技术优势

3D 打印建筑技术的优势主要包括环保节能、快速高效、低成本、设计灵活性、安全性、坚固耐用以及适合特种作业。

环保节能:3D 打印是一种全新的建筑方式,其最大亮点是能将建筑渣土、固废钢渣等建筑垃圾再回收利用,同时新建建筑基本不再产出新生建筑垃圾,筑造过程降低了建筑粉尘污染,减少了雾霾与噪音,实现了建筑工地无害化生产。

快速高效:3D 打印建筑技术以其快速高效的特点,能够显著缩短建筑周期,提高施工效率。这项技术不仅适用于小件物品的打印,还能彻底颠覆传统的建筑行业,为建筑行业带来革命性的变革。

低成本:3D 打印建筑通过减少人力和材料浪费,降低了建筑成本。这种技术减少了施工过程中的中间环节,从而降低了总体成本,使得建筑更加经济实惠。

设计灵活性:3D打印建筑技术提供了更大的设计灵活性,能够轻松实现复杂和不规则的设计,创造出独特的建筑形态,满足个性化的需求。

安全性:通过减少施工现场的人力需求,3D打印建筑技术降低了施工过程中的安全风险,提高了施工过程的安全性。

坚固耐用:3D打印建筑的整体结构成形,具有更好的抗震性能和防水性能,同时使用特殊材料如玻璃纤维强化处理的混凝土,增强了建筑的耐用性和强度。

特种作业优势:在打印复杂曲面等特殊构件、适应恶劣环境作业等方面,3D打印技术展现出明显的优势,尤其是在异形、个性化产品的打印上成本更低。

此外,3D打印建筑技术除了用于新建工程,还顺应了中央城市工作会议提出的"城市修补和生态修复"要求,以城市修补来替代传统的大拆大建,符合绿色发展的大趋势。3D打印在建筑物的恢复与补强方面,具有极强的适应性,例如运用于古建筑、古文物保护中,可以精准恢复古建筑、古文物的残损、遗失部分,创新性地解决了古建筑、古文物的保护难题。

6.2.4　3D打印建筑技术应用案例分析

1. TECLA 3D 打印住宅

TECLA 3D打印住宅(图6-7),由MCA建筑事务所与WASP合作完成,是世界上第一个建筑原料完全由当地生土材料制成的3D打印建筑,极具创造力和先锋性。其名字取自卡尔维诺的《看不见的城市:持续建造中的城市》,它通过将古代住宅的物质和精神与21世纪的技术产物结合在一起,唤起了过去与未来之间的强烈连接。

图6-7　TECLA建筑表皮细部

TECLA是一个创新的圆形经济住房模型,它将传统建造实践手法、生物气候原理和当地的天然材料整合在一起打造了一个接近零碳排放的项目。

项目的建筑面积约60 m²,包含一个带厨房的起居空间(图6-8),以及一个带卫生间的卧室。家具部分也由生土打印而成,与建筑结构融为一体;部分采用可循环利用的绿色设计,反映出住宅背后的生态理念。

TECLA 由两个连续的元素组成,两条弯曲的正弦曲线向上生成建筑,顶部留下两个圆形天窗,为室内投入天光(图6-9)。从几何形态到外部屋脊,建筑非典型的形状满足了3D打印外壳以及封顶后的结构平衡需求,将有机而又连贯的设计活灵活现地呈现在人们面前。

图6-8　TECLA 起居空间　　　　　图6-9　TECLA 天窗

结构的优化与传统建筑技术相比,3D打印技术的创新之处主要体现在建筑形态的极度灵活性上。结构设计从黄蜂的蜂巢结构中汲取灵感,比任何其他形态的承受力更强,且材料消耗较少,同时具有优越的通风和保温性能。TECLA 的建造花费了200个小时,使用了7000条机器代码,共包含350个12 mm 的分层,展开长度为150 km,消耗自然材料60 m³。

2. 武家庄混凝土农宅

武家庄混凝土农宅(图6-10)位于河北省张家口市下花园区武家庄乡。该住宅通过3D打印建成,占地106 m²,其形态采用了当地传统的窑洞形式,是一个3大2小5开间住宅。3大间分别为起居室和两个卧室,其上屋顶为筒拱结构,2小间分别为厨房和厕所(图6-11)。

图6-10　建筑外观　　　　　　图6-11　鸟瞰图

在该项目建造之初,要对农宅的结构进行构件分析、整体数值分析、构件破坏性试验。首先,根据 3D 打印机械臂"笔宽"初步确定墙厚,对整体模型进行简化计算,确定墙厚是否满足承载力要求;其次,分别对拱、墙等构件进行深入分析与比较,确定构件的最终截面形式,同时进行构件的破坏性试验;再次,按确定的构件截面尺寸搭建整体模型,进行内力分析,接着,通过施工吊装分析,确定合理的施工吊装方案;最后,进行整体结构缩尺的振动台试验。

墙体是主要的竖向构件,不但承担屋面传来的竖向荷载,还是承担水平力的主要构件。在墙体构件分析中,通过对 6 个不同厚度或腹杆角度的墙体在风载、温度作用、水平地震作用下受力进行分析和研究后,选择墙厚 300 mm、腹杆角度为 45°。根据本项目 3D 打印的特点,先将拱板和平板在现场地面平躺打印,然后再打印墙体至屋面底标高,最后将拱板、平板和墙体通过特殊的节点连接在一起,保证结构的整体性。

为确保结构的可靠性,分别对重要构件如墙、拱顶、平屋顶进行了构件破坏试验,并对该建筑结构进行了缩尺振动台试验,试验直接验证了结构在抗震设防烈度 8 度(0.2 g)情况下多遇地震、设防地震和罕遇地震下建筑结构的工作情况,满足了规范"小震不坏、中震可修、大震不倒"的设防目标。农宅的设计采用全数字化工作流的方式进行,建筑方案以参数化数字设计的方法生成,并在设计初期就考虑结构的合理性及打印施工的可行性;建筑的形体设计及结构计算、水暖电设计及打印路径规划、室内全装配化装修设计等均在同一个三维数字模型上完成,确保了设计全过程信息传递的连贯性,以及各个专业之间信息交换的有效协同性。

该农宅的打印施工,使用了 3 套机器臂 3D 打印混凝土移动平台,分别放置在 3 大开间中央(图 6 – 12),直接进行了基础及墙体的原位打印,同时在建筑室外的机器臂轨道两侧,现场预制打印了所有筒拱屋顶,并用吊机将筒拱屋顶装配到打印的墙体上面(图 6 – 13)。建筑的外墙采用了编织纹理作为装饰,它与结构墙体一体化打印而成,墙体中央灌注保温材料,形成装饰、结构、保温一体化的外墙体系。

图 6 – 12　3D 打印施工图　　　　　图 6 – 13　3D 打印筒拱屋顶

机器臂3D打印混凝土移动平台的组成包括可移动机械臂及3D打印设备、轨道及可移动可升降平台、拖挂平台等。3D打印设备中,机械臂及打印前端被安置在升降平台上,并可在该平台上移动,而打印材料、上料搅拌泵送一体机则安置在拖挂平台上。该打印平台只需两人在移动平台上操作按钮,即可完成整栋房屋的打印建造,它充分集成并简化了混凝土3D打印的工艺,最大可能地减少了打印建造过程中的人力投入。

6.3 BIM 技术在工业化建筑中的应用

2017年,住房城乡建设部印发的《工程质量安全提升行动方案》中指出:"推进信息化技术应用。加快推进建筑信息模型(BIM)技术在规划、勘察、设计、施工和运营维护全过程的集成应用。"随着BIM技术的应用,我国建筑行业也开始逐渐趋向于创新,BIM技术也会为建筑行业的不断进步打下坚实的基础,BIM技术在工业化建筑中具体有以下几个方面的应用。

1. 标准化设计

BIM平台整合工业化建筑产业链上项目各参与方的信息,并贯穿项目建设全寿命周期,形成协同工作平台,使设计方案更容易贯彻实施。设计标准化的BIM构件库将能显著增强工业化建筑构配件及部品的通用水平,BIM性能优化也能促使工业化建筑在构造细节方面加强科学化设计。BIM平台的3D建模优势、可视化操作及分析能最大程度避免CAD图纸设计造成的错误,进行图纸优化,提供最佳的技术路径,实现工业化建筑的标准化和精细化设计。

2. 工厂化生产

工业化建筑的重要特征就是构配件实行预制的工厂标准化批量生产。构配件标准的生产技术体系能保障生产流程的一体化,促进物料的节约管理和精细化成本的实现,形成规模效益。应用BIM技术构建的3D模型能清楚地显示工业化建筑各个构配件的数量和类型规格等详细信息,对构配件的生产和安装进行指导,不仅能提高构配件生产的精确程度,也能使构配件的生产效率得到显著提高。同时3D模型也能清晰地展示工业化建筑各个构配件的搭接顺序和位置,并能通过强大的分析功能,科学地安排出各个构配件现场的施工组织和工序,从而优化工业化建筑的整体施工进度。

3.装配化施工

工业化建筑以预制构件的机械装配化施工代替传统的现场湿作业,可以显著地减少施工过程中产生的建筑垃圾,有效地改善生态环境。BIM 技术可以实现对构件的精细化设计,提高构件的标准化程度。BIM 技术可以实现对施工过程的模拟和分析,从而提前发现潜在的施工问题,制定相应的解决方案。

4.信息化管理

在工业化建筑得到普遍推行的时代,工业化建筑汇聚了整个产业链上的各方信息,基于 BIM 技术的信息集成系统能对信息进行编码,形成统一的标准,有效地整合业主、设计和施工单位、供应商以及构配件的详细信息,避免信息传递过程中的缺失,搭载一个信息共享和互动的平台,便于参与方沟通和探讨。BIM 信息系统能对项目模拟过程进行监控,设有问题跟踪、事故预防机制,贯穿整个工业化建筑项目寿命周期,可以对项目信息实时地更新、维护和管理。此外,利用 BIM 自身的算量平台,可以轻松实现自动化的、精确的工程算量。BIM 的 5D 信息技术还能对项目的成本进行计算分析,有助于实现工业化建筑生产经营的信息化和建设管理的精细化。

6.3.1　BIM 技术概述

1. BIM 技术

BIM 是建筑信息模型(building information model)的简称,这个概念是由美国乔治亚技术学院(Georgia Tech College)建筑与计算机专业的查克·伊斯曼(Chuck Eastman)博士提出的:"建筑信息模型综合了所有的几何模型信息、功能要求和构件性能,将一个建筑项目整个生命周期内的所有信息整合到一个单独的建筑模型中,而且还包括施工进度、建造过程、维护管理等的过程信息。"

BIM 是一种专门面向建筑设计的基于对象的 CAD 技术,用于对建筑进行数字描述。利用 BIM 技术可以在一个电子模型中存储完整的建筑信息,这种方法被称赞为一种最新的变革。BIM 软件不再是低水平的几何绘图工具,操作的对象不再是点、线、圆这些简单的几何对象,而是墙体、门、窗等建筑构件;在计算机上建立和修改的也不再是一堆没有关联的点和线,而是由一个个建筑构件组成的建筑物整体(图6-14)。

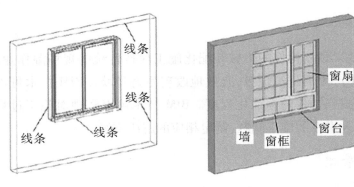

图 6 - 14　绘图软件与 BIM 软件进行建筑设计的比较

2. 发展前景

BIM 的出现和发展可视为建筑设计跟随科技进步的必然结果,我国从 2003 年开始引进 BIM 技术,也正是因为《国家"十一五"科学技术发展规划》《2011—2015 年建筑业信息化发展纲要》等文件的诞生,在近二十年来,BIM 技术在我国是持续发展的。2012 年 1 月,我国制定了《2012 年工程建设标准规范制订修订计划》,BIM 技术自此有了更深远的发展。就目前而言,BIM 的发展呈现出多元化、多专业、多领域的趋势,BIM 技术也逐步成为一种常态化的软件。

BIM 技术在建筑领域的应用已经取得了很大的进展,并且未来还有着广阔的前景。BIM 技术可以帮助建筑企业实现数字化管理,提高建筑项目的效率和质量,提高企业的竞争力和盈利能力。BIM 技术还可以与其他技术结合实现智能建筑的建设,为城市的可持续发展和智慧城市的建设做出贡献。因此,BIM 技术在建筑领域的应用是非常必要的,也是建筑行业技术革新的必然趋势。

6.3.2　BIM 技术的优势

1. 可视化

BIM 可以将常规的二维表达转为三维可视模型,表达信息形象、直观,可视化可以帮助非专业人员通过清晰的模型理解建筑创意,协助各方及时、高效的决策。在项目设计阶段,BIM 技术可以让设计、生产、施工各阶段基于共同的平台进行操作,并通过可视化的三维模型呈现出来,如建筑物位置和形状的规划设计、构件的通用性设计、施工装配的顺序设计,都可以通过 BIM 平台精确地展示出来。

2. 模拟性

通过 BIM 可以模拟真实建造过程及场景,并可通过此过程预先发现可能存在的问题,最大限度减少因设计或施工方面的失误所带来的遗憾。在项目建造阶段,BIM 技术可以实现模拟现场施工,包括施工组织工序及复杂节点的施工模拟,以及碰撞检查。基于前期提供的进度、成本、质量和工期的要求,可以有效地安排施工场地及原材料,进行构配件的工厂化生产预制,大大避免施工现场湿作业造成效率低、浪费多的问题。在工业化建筑中,也可以对项目中的重点或难点部分进行实时可建性模拟,进行诸如材料的运输堆放安排、建筑机械的行进路线和操作空间、土建工程的施工顺序、设备管线的安装调试等施工安装方案的优化。

3. 协调性

采用 BIM 技术的项目,各专业间、各工作成员间都在一个三维协同设计环境中共同工作,设计深化、修改可以实现联动更新。这种无中介即时沟通的方式,很大程度避免因人为沟通不及时而带来的设计错漏,便于轻松有效地提高设计质量和效率。在项目运维阶段,基于 BIM 的信息管理模式,包括横向的项目参与方(业主方、施工单位、设计单位、监理单位)信息及纵向的项目过程(设计、生产、施工)信息,保证信息传递的完整性和效率。在建筑全生命周期的运营管理阶段,BIM 可同步提供有关建筑使用情况或性能、入住人员与容量、建筑已用时间以及建筑财务方面的信息。

6.3.3　BIM 技术原理

BIM 的技术核心是一个由计算机三维模型所形成的数据库,不仅包含了设计阶段的设计信息,而且可以容纳从设计到建成、使用的全过程信息,并且各种信息始终是建立在一个三维模型数据库中。它以工程项目有关的数据和信息为依据,贯穿项目的全寿命周期,通过可视化的三维模型将建筑物逼真地构建出来,以数字化集成的方式反映出项目的物理特性和功能特性,并能为项目的参与方搭载一个信息共享和互动的平台,利益相关方可以通过 BIM 平台获取和更新信息,提高工作效率和质量,密切产业链的协同配合,提高项目的建设效率。

在 BIM 应用系统中,需要将建筑构件对象化,利用数字化的编码对建筑构件进行表述。一个对象需要有一系列参数来描述其属性。例如,一个墙对象是一个具有墙的所有属性的对象,不仅包括几何尺寸信息如长、宽、高,还包含了墙体材料、保温隔热性能、表面处理、墙体规格、造价等。而在一般的 CAD 绘图软件中,墙体是通过两条平行线的二维方式来表达,线条之间没有任何关联。

除此之外,BIM 技术还可以在项目进行的不同时期进行信息的插入、提取、更新和修改,通过这样的方式来提升建筑过程中的每一步操作。BIM 技术可以在降低成本的同时降低操作难度,使得工业化建筑可以在更短的时间内更高效地完成。其主

要操作理念就是先在工厂预制建筑小单元,然后,再将其搬运到施工工地来进行组装,这样一来,工程的工作效率得到了提升,同时,建筑工人在施工阶段的劳动强度和施工风险也得到了降低。

6.2.4　BIM 技术应用案例分析

近年来,BIM 技术备受大众青睐,运用 BIM 技术可以支援并改善许多建筑设计和施工过程业务实务流程,解决施工过程中更复杂的问题,对业主、设计单位、施工方都有不可替代的好处。

1. 天津市某数据中心项目 BIM 技术应用

此工程项目位于天津市,总建筑面积约为 144800 m^2。BIM 技术在本项目中产生了以下成果:①通过优化场布设计节约临建成本 17%,节约临时用地面积 20%。②通过模拟施工仿真技术发现后期风险 17 处,图纸检查提前发现错漏碰撞 36 处。③节约工期 25 天,减少成本 200 万元。④荣获 2021 年度天津市建设工程优秀 BIM 技术应用Ⅱ类成果。以下为 BIM 技术在设计施工阶段的应用。

1)施工平面布置

通过 BIM 对施工场地进行正向设计,提前模拟布置及对各种布置方案的技术经济指标计算(图 6 - 15、图 6 - 16),在满足项目部文明施工规定的基本要求,进一步优选出实现少占地、少二次搬运、少临时设施的最佳方案。

图 6 - 15　场地现状

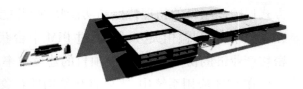

图 6 - 16　BIM 场地模型

2)BIM 施工模拟仿真技术

BIM 技术通过三维模拟进行施工模拟(图 6 - 17),可以直观形象地展示施工过程中的各种情况,包括施工现场临时设施规划、大型机械设施规划、现场物流及人流规划等。施工模拟可以提前发现施工在资源组织、技术方案、安全措施等方面的问题,为指导项目管理层进一步优化施工组织,降低项目风险提供有效支撑。

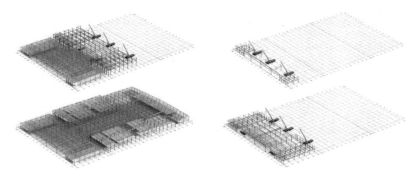

图 6-17 BIM 施工模拟仿真技术

3）图纸检查

此项目的相关专业接口较多,利用 BIM 技术,可以提前检查钢结构与其他专业的接口,避免冲突与碰撞。同时,对钢结构构件之间的安装顺序与可安装性也可以提前检查,及时修改有错、漏、碰、缺情况的图纸,助力现场实现快速建造。

4）进度管理

使用 BIM 技术来进行进度管理,可以有效地促进进度管理与资源组织的融合。根据项目现场的进度计划,将相关构件内的加工时间、进场时间、安装时间等信息添加进 BIM 模型中,可以及时感知监控现场进度,实现精细化进度管理(图 6-18、图6-19)。

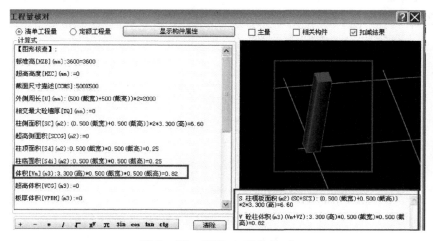

图 6-18 BIM 工程量核对

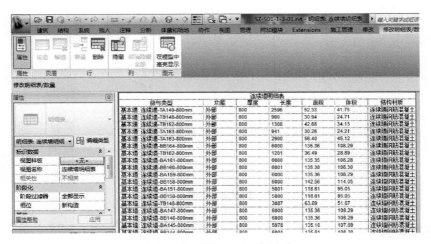

图 6 – 19　BIM 工程量统计

5) 质量管理

BIM 模型中既包含构件截面尺寸、材性等物料信息(图 6 – 20、图 6 – 21),又包括安装要求、工艺流程等技术质量管理的过程信息。BIM 模型中对两种信息的集成及"可视化"极大提升了项目管理人员对工程质量的掌控能力。

6) 成本管理

利用 BIM 软件可快速生成实际成本数据库,使项目管理人员统计、归集、汇总的工作量大大降低,另外,对成本数据进行时间、空间等多维度分析,增强项目管理人员成本管控能力。

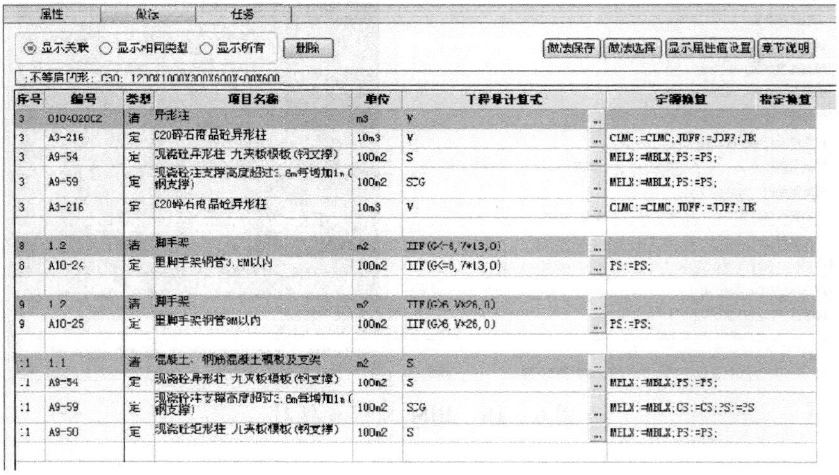

图 6 – 20　物料 BIM 清单

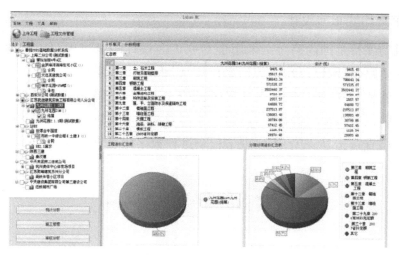

图 6 - 21　工程造价汇总

2. 鄂州民用机场市政配套工程 BIM 技术应用

湖北省积极响应国家的"一带一路"政策号召,将鄂州机场打造成全球第四、亚洲第一的航空物流枢纽机场。鄂州民用机场市政配套工程包括市政道路工程、110 kV 变电站工程、能源站工程、管线工程、综合管廊工程以及给排水工程等,工程投资约 14.9 亿元。

1) BIM 应用组织和环境

该项目使用了 Bentley 系列的 MicroStation、CNCCBIM OpenRoads、AECOsim Building Designer、OpenBridge Modeler、LumenRT、Navigator 等软件,同时进行了插件的二次开发(图 6 - 22)。

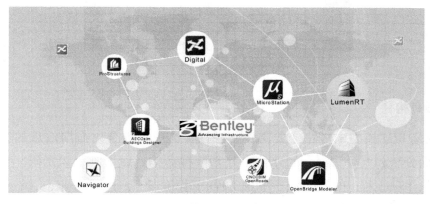

图 6 - 22　软件支持路线

2）全专业 BIM 正向设计

鄂州机场项目是国内第一个采用全专业正向设计的机场项目。其通过参数化、模块化建立道路、管网以及建筑等信息化模型，将设计思路直接呈现在三维视图上，实现各专业的整合，减少二维的设计盲区，便于设计优化、降低专业协调次数，提高设计质量。直接以三维模型进行设计优化、工程算量、造价分析等一系列创新应用，最后以三维模型直接指导施工，为实现工程全过程数字化奠定基础（图 6-23）。

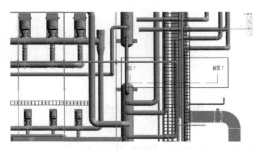

图 6-23　管网信息模型

3）方案可视化

利用 BIM 信息模型取代传统二维平面设计手段，使项目与 BIM 真正结合起来。三维模型的直观性能有效提高了设计人员的理解力和表达力，从而保证设计成果的质量，为可视化设计提供了基础（图 6-24）。

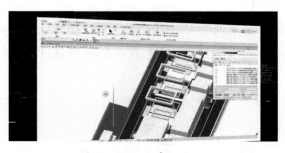

图 6-24　方案可视化

4）编码构件

为规范 BIM 模型中构件分类、编码与组织，实现工程全生命期信息的交换与共享，按照面分法和线分法混合的分类法对 BIM 模型构件赋予唯一识别码。该编码由工程项目、单项工程、单位工程、子单位工程、工程阶段、专业、子专业、二级子专业、构件类别、构件子类别、构件类型、构件实例，共 12 级组成。依托编码插件，结合编码数据库，对构件进行快速刷码。

5)模型出图

BIM 通过对设计进行可视化展示、协调、模拟、优化以后,实现了各设计阶段二维图纸的自动出具,不仅可以出具传统的平面图纸,还可以对特定剖面、视角进行截取保存。

6)造价应用

利用 BIM 模型向造价咨询单位提资,辅助造价咨询单位完成工程造价文件的编制。在设计优化过程中,对比原方案与优化方案 BIM 模型,利用模型出图,对比工程量,为优化设计方案提供实时造价基础数据。利用 BIM 编制工程造价文件,提高了工程量计算的准确性,与传统工程造价编制模式对比,提高工作效率 50% 以上(图 6 – 25)。

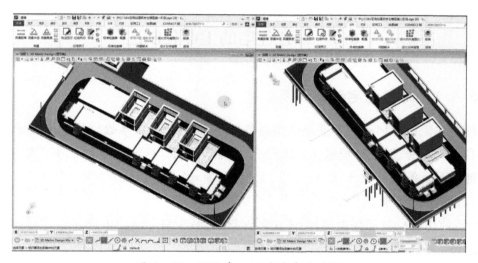

图 6 – 25　BIM 在工程造价中的应用

7)BIM + VR 沉浸式体验

BIM 的数字化仿真与 VR 虚拟现实相结合,把道路、桥梁、管廊、管线、建筑等模型以 3D 立体的形式直接呈现在人们眼前,大幅提高了参建各方的沟通效率(图 6 – 26)。

图 6-26　BIM+VR 沉浸式体验

6.4　绿色住宅的工业化制造

6.4.1　绿色住宅部品体系概述

绿色住宅部品体系主要涉及使用高科技环保型建材、污水处理再利用技术、充分利用自然光资源、对小区垃圾实行无公害处理等方面。这一体系旨在实现住宅内外物质能源系统的良性循环,达到无废、无污、能源一定程度自给的新型住宅模式。具体来说,绿色住宅部品体系包括以下几个方面:

(1)使用高科技环保型建材:采用环保材料,减少对环境的负担,同时提高住宅的可持续性。

(2)污水处理再利用技术:通过污水处理技术,实现水资源的循环利用,减少对自然水资源的消耗。

(3)充分利用自然光资源:通过合理的设计和布局,最大限度地利用自然光,减少人工照明的使用。

(4)对小区垃圾实行无公害处理:通过分类和处理垃圾,减少对环境的污染,实现垃圾的资源化、减量化和无害化。

6.4.2　绿色住宅部品体系的选用原则

绿色住宅部品体系最重要的特点是要实现部品的节能特性以及减少对其他环境的影响,是对传统住宅部品体系进行改良并重新分类,实现基于能耗角度考虑的绿色住宅部品新体系。绿色住宅部品体系的选用原则总结如下:

（1）环保特性。保护环境是绿色部品体系的基础,是实现可持续发展的必要手段。

（2）节能特性。在实现常规节能规定的同时由技术或者材料的特性决定其具有更好的节能效果,宜对其进行指标量化规定。

（3）技术集成特性。住宅的技术体系已经向综合与集成方向发展,集成技术在现有部品体系中定性较为困难,所以绿色部品体系提出对复合材料以及集成技术的综合收录原则。

（4）对社会因素的考量,包括社会贡献率、老龄化社会的适配性、安全性能等。

6.4.3　绿色住宅部品体系的实行宗旨

绿色住宅部品体系的实行宗旨是在建筑的全寿命周期内最大限度地节约资源、保护环境和减少污染,为人们提供健康、适用和高效的使用空间,与自然和谐共生。

绿色住宅部品体系的实施,旨在通过采用无害、无污、可以自然降解的环保型建筑材料,进行无废无污的生态工程设计,合理利用清洁能源,以及通过立体绿化等方式保护和稳定周边地域的生态。这些措施不仅有助于提高住宅的品质与生产效率,而且还能够提升住宅的环保性能,满足人们对美好生活的需求。绿色住宅部品体系的实行宗旨还强调了多方主体的合作与共同探究,以集体智慧和联合优势共同推动建筑业向绿色低碳转型,实现资源的最大化节约和环境的最大化保护,为人们提供健康、适用和高效的使用空间,实现人与自然的和谐共生。

6.4.4　太阳能光伏系统集成技术应用

太阳能利用有两个重要途径,即光热转换和光电转换。光热转换是把太阳能转化为内能,如太阳能灶、太阳能热水器;光电转换是把太阳能转化为电能。目前,国内的光伏组件生产已经发展成熟,光伏与建筑一体化设计也有很多实例。

山东聊城某小区住宅中就运用了光伏屋顶发电,主要是用来解决公共照明等设施供电。该项目采用独立发电系统,屋顶光伏系统发电直接供公共照明使用,需要的设备有太阳能电池组件、接线箱、控制器、逆变器、输出配电柜、蓄电池组和支架等。从安装太阳能电池组件（图6-27）的楼顶到安装蓄电池和控制逆变器的地下一层主配电室,距离约为20 m。为减少线路损耗,采用220 V供电方式。除控制蓄电池的充放电和进行逆变外,主机内还设有过载、短路、防雷击、防反接等多项保护装置。为了供电的安全性,总体结构以太阳能光伏电源为主供电系统,另外用交流市电作为备用系统。这样,即使在连续多日阴雨的气象条件下,对负载的供电也不会中断。

国内住宅小区中光伏屋顶发电主要用于住宅公共照明以及小区内路灯或者地下

停车场照明系统等。住宅屋顶与光伏发电结合很好地利用了屋顶空间,另外提供小区照明等用电也减少了电网供电压力,不过目前将光伏系统运用于住宅不得不考虑经济因素的影响,不只是安装费用也包括后期维护费用也都是住宅光伏系统不得不应对的难题。

1. 光伏系统在住宅中的应用

1) 光伏屋顶

光伏屋顶(图6-28)在光伏建筑一体化运用中占到3/4,主要因为屋顶接受光照辐射大,不受干扰,维修方便。美国、德国等国家早在1990年就开始实施光伏屋顶计划,1990年我国相继出台了许多政策发展和鼓励太阳能等新能源应用。随着光伏系统的技术发展,越来越多的地区开始采用光伏发电,尤其在高原地区如新疆、西藏等地电网无法到达的地区,太阳能已经成为民居主要的能源依靠,光伏发电提供了日常生活所必需的电量,光伏建筑或者光伏屋顶已经渐渐融入人们日常生活,为越来越多的人提供服务。

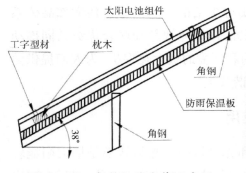

图6-27 光电组件安装示意图

图6-28 光伏屋顶

2) 光伏幕墙

光伏幕墙是将太阳能光伏发电技术与建筑幕墙相结合,用光伏发电玻璃代替普通的幕墙面板,除了发电特性外,与其他幕墙有着相同的建筑特性。光伏幕墙(图6-29)多应用在办公建筑上,不仅具有阻燃、隔热和消音等节能作用,同时,与普通玻璃幕墙相比,还能够降低光污染。另外,光伏幕墙还可以吸收光辐射使室内热环境变化幅度小,减少室内供暖及制冷能耗。

相比光伏屋顶在住宅中应用,光伏幕墙在低层住宅中的应用几乎没有,一方面是受到技术限制,包括光电板易受遮挡、光电板转换效率低、光电板降热等技术问题;另一方面也是因为受到造价制约使得在住宅设计中很难实现。在高层住宅中光伏幕墙较光伏屋顶更具有利用价值,高层建筑一般不受遮挡,阳光充足,另外建筑立面面积较大可布置更多光电板,目前,国内已经有很多光伏幕墙运用于高层建筑的实例,所以虽然受到经济的限制,但是从新能源利用来说光伏幕墙在高层住宅中是具有推广价值的。2010 年 4 月 1 日,德国柏林,一栋 70 m 高的公寓楼在南面外墙上安装了 426 m² 的太阳能光伏电池板(图 6 - 30)。这些电池板年发电量 25000 kW·h,从而帮助居民降低运营成本。

图 6 - 29　光伏幕墙

图 6 - 30　德国住宅光伏立面

2. 光伏系统在酒店中的应用

　　酒店与住宅都具有居住功能,国内外的光伏应用多是办公建筑,光伏系统在酒店中的应用可以为光伏住宅应用提供参考数据。

　　电谷锦江国际酒店是一家集接待、娱乐、餐饮、会展、国际会议交流于一体的综合性的国际商务五星级酒店,也是国内首座利用光伏系统发电的酒店。酒店位于中国电谷保定的核心地带,是中国首座利用太阳能光伏玻璃幕墙的建筑。酒店共 26 层,有 9 个区域安装 55 种型号的组件共 4490 m²(表 6 - 1),安装容量为 0.3 MW,年发电量约为 260000 kW·h,能够供给酒店自身需要,也可以并网发电。

表6-1　电谷锦江国际酒店光伏组件安装详情

项目	序号	太阳能光电部分	功率/kW	应用面积/m²	备注
电谷锦江国际酒店	1	标志性建筑立面	6	105	全玻组件
	2	标志性建筑顶层	2	35	
	3	裙楼平台	94.72	950	普通
	4	采光面	22	397	
	5	西立面	60	753	全玻组件
	6	东立面24层	2	32	
	7	南立面5—24层	96.28	1958	
	8	东、南两侧		87	
	9	裙楼2—4层	9	173	
		小计	300	4490	

　　普通的光伏组件是不透光的,作为一座五星级酒店,首先要考虑到居住的舒适性,因此房间必须保证采光良好、温度适宜、外观悦目。项目采用的光伏组件不同于普通光伏组件,而是一种隐框的全玻光伏组件太阳能电池板,它是由金属构件与双玻组件组成的建筑外围护结构,用双玻太阳能组件代替普通建筑上大量使用的传统幕墙,不但节约了建筑材料,还能够产生清洁电力,同时又具有良好的遮阳、节能、隔音效果(图6-31)。当太阳能发电系统电池组件的电池片温度高于25 ℃时,电池组件的功率就会下降,特别在幕墙底部和顶部设置了大量的百叶窗,通过空气的对流为幕墙降温,形成了"呼吸式太阳能玻璃幕墙",也提高了光伏组件工作效率。

图6-31　隐框光伏组件

　　除隐框全玻光伏组件与百叶窗降温技术的应用,此项目中还进行了标准组件在屋顶及弧形屋顶的技术研发,隐框及明框太阳能光电玻璃的安装与布线技术研究,光伏发电系统数据采集及通信接口、显示设备的研究,数据上网的安全性、准确性、防干扰能力、防入侵性能研究等,为后续进行太阳能光伏发电提供基础数据。

从酒店光伏系统的应用来看住宅光伏应用有着重要的意义,一方面两者的耗能较为相似,用电高峰多在晚上休闲时候;另一方面酒店与住宅的空间分割较为统一,在建筑设计中对光照以及通风要求较为一致,所以对能源需求也较为一致。两者不同之处在于酒店设计较为复杂,能耗较住宅要大很多,所以需要更多能源支持;另一方面酒店是以盈利为目的的,而住宅却是以居住为目的,所以在经济性能核算上酒店光伏系统仍可以推广,而住宅则较难推广。酒店光伏系统的应用可以给住宅提供很多技术支持,极大地促进光伏系统在住宅中的应用。

6.4.5　太阳能光热系统集成技术应用

随着全球对可持续发展和环境保护意识的加强,现代建筑行业正面临着一个革命性的转变。太阳能光热系统作为这一转变的先锋技术,日益受到建筑师、开发商和政策制定者的青睐。此系统不仅标志着一个新的绿色时代的来临,也展现了现代建筑节能领域的巨大潜力。

太阳能光热在住宅中应用已经很广泛,国内主要利用太阳能光热提供生活所需的热水。太阳能热水器已经作为一种日常生活必需品进入千家万户,其大体可分为以下几类:从集热部分来分类有玻璃真空管太阳能热水器、平板型太阳能热水器;从结构来分类有紧凑式太阳能热水器、分体式热水器;从水箱受压来分类有承压式太阳能热水器、非承压式太阳能热水器。新型工业化部品太阳能热水器主要是采用分体式结构,多安装在阳台,称为阳台壁挂式太阳能热水系统,与建筑构造结合成为建筑立面的一部分,一般分为平板式和横管式(图 6 - 32)。

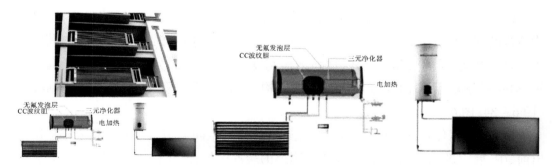

图 6 - 32　横管与平板阳台壁挂式太阳能热水系统

太阳能热水技术较太阳能光伏技术简单,应用范围更广,低层住宅一般能满足住户的需求,高层住宅则需要开发更多光照面积。太阳能热水系统造价相对较低,也满足了人们的主要用水需求,无疑是建筑节能的良好典范。

6.4.6 绿色住宅应用案例分析

1.陕西渭南巴邑村玻璃砖房

1)项目位置

项目住宅位于陕西省渭南市临渭区故市镇巴邑村,原为 2000 年左右建造的一层平屋顶建筑,结构为砌体结构并内设圈梁和构造柱。对房屋结构进行安全性检测鉴定,该建筑的安全性能满足现行规范要求,但由于长年无人居住,存在屋面渗水、室内通风采光不良、内墙霉变等问题,希望对住宅进行改扩建,增加功能单元,延续关中乡土民居坡屋顶形式,保留院落绿植并控制建造成本(图 6-33)。

图 6-33 建筑原始状态

2)更新设计策略

(1)建筑结构策略。规划通过对既有住宅结构检测,掌握内部结构特点,遵循加建结构的安全性、适配性以及经济性原则,二层采用"砌体+框架"混合结构,其中主体为砌体结构,设圈梁和构造柱,加强结构刚度;玻璃砖墙部分为钢筋混凝土框架结构,空间划分灵活;屋面为有檩体系轻钢结构,大大降低自重,最上层覆盖机制红瓦(图 6-34、图 6-35)。

(2)完善居住功能。设计根据门房、正房住宅的空间分布从南向北将宅基地限定出前、中、后三进院落:前院作为住宅与国道的缓冲区域,满足停车、农作物种植需求;中央内庭院为主要生活区域,满足日常休憩、娱乐、观景需求;后院为储藏以及设备管井埋放区域。

(3)绿色技术应用。生态、环境与住户的生活品质息息相关,玻璃砖房关注现代乡土住宅绿色宜居品质提升技术的适配性应用,着重考虑当地风、光、水等自然因素对住宅的影响,应对四季气候的变化(图 6-36)。

图 6-34 建筑设计策略

图 6-35 施工现场

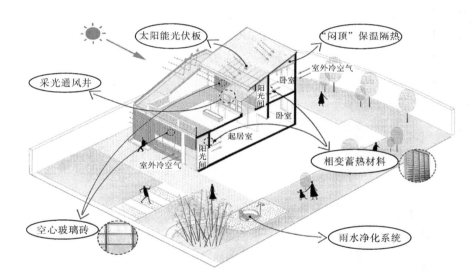

图 6-36 绿色技术模式

　　在采光设计方面,南向阳光间(图6-37)采用大面积空心玻璃砖和条形长窗,最大限度增加采光面积;客厅上部拆去局部原有楼板增设采光通风井(图6-38),改善室内采光的同时可利用热压促进自然通风。外窗均采用断桥铝合金框料和 Low-E 中空玻璃,严格控制开启面积,夏季开启利于自然通风,冬季关闭抵挡外界风寒。

　　为解决与宅基地紧邻的南侧108国道交通噪声问题,住宅一、二层卧室均分布于北侧,南向分别设置阳光间作为空间缓冲,并在南向外墙使用隔音性能优异、透光率高的空心玻璃砖,以期达到良好的降噪隔音效果。

图 6-37　阳光房　　　　　　　　　　图 6-38　中庭采光通风井

在保温隔热方面,屋面设计延续关中传统民居"闷顶"空间形式,冬夏两季作为气候缓冲区,对主要生活空间起到保温隔热的作用;外墙南向设置阳光间,墙面敷设高性能相变蓄热材料,白天吸收热量,夜间缓慢放热;卧室、起居室外墙均采用内保温构造,满足保温隔热需求。屋面敷设太阳能光伏板,为室内石墨烯取暖设备供电,实现全屋零碳采暖(图 6-39)。

图 6-39　新材料与技术应用

在雨污分流方面,由于关中地区水资源短缺,为实现雨水循环利用以及污水处理回灌,中央内庭院东侧结合水景设置雨水净化系统,最终引入蓄水池,为庭院提供灌溉和景观用水;室内卫生间均通过管道与后院东侧三格式化粪池相连,经生态湿地净化后排入北侧农田;淋浴、洗衣、厨房等生活污水就近排入后院西侧三缸污水处理池,净化后经管道排入前院蓄水池,用于农田灌溉(图 6-40)。

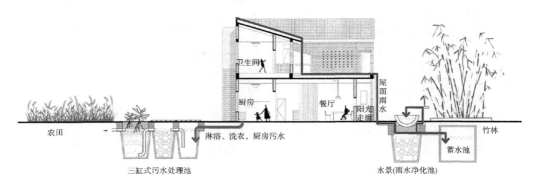

图 6 - 40　雨污分流示意图

在乡村弱经济地区利用低成本的技术手段,将经济投入用于住宅整体功能与性能的提升,对西北地区乡村既有住宅改造提升具有重要意义。传统聚落和乡土住宅的本源特征体现在其选址、朝向、平面布局、空间组合、建筑用材、构造处理等方面,反映了人们依据自然法则创造良好人居环境的思想和经验。渭南巴邑村玻璃砖房从设计到建造着眼于关中乡土环境、材料、创新和技术,将传统营建技艺与现代建筑空间设计理论相结合,合理地运用和继承原有材料构造与结构体系,创造关中乡土住宅新模式,并通过试验与示范研究,使乡土住宅逐步走向现代化和绿色化。

2. 新加坡伊甸园之家

在全球可持续发展的背景下,绿色建筑以其对环境友好的特性,逐渐成为建筑行业的重要发展趋势。特别是在全球气候变化和环境问题愈发严重的今天,绿色建筑以其独特的优势,成为推动建筑行业可持续发展的关键力量。其中,新加坡作为资源有限且人口密集的城市国家,其绿色建筑的发展和实践经验,更是为全球树立了典范。

1)项目背景

新加坡伊甸园之家(图 6 - 41)是由 Wallflower Architecture + Design 公司与新加坡植物园联手打造的一座独具魅力的绿色住宅。该项目作为绿色建筑的典范,其在资源节约、环境保护和居住舒适度方面的实践,为全球绿色建筑的发展提供了宝贵的经验。该项目采用了先进的绿色建筑设计理念和技术,如可再生能源利用、雨水回收利用、绿色建筑材料等,实现了建筑的低能耗、低排放和高效率。同时,该项目还注重居住环境的舒适性,通过科学规划和人性化设计,为居民提供了健康、舒适的居住空间。新加坡伊甸园之家项目的成功实践,为全球绿色建筑的发展提供了重要的借鉴和参考。

图 6-41　新加坡伊甸园之家

2）项目位置

新加坡伊甸园之家坐落于新加坡城市的中心地带,紧临植物园,这一优越的地理位置为居民提供了环境优美的生活环境。项目的占地面积庞大,是一个集住宅、绿化和休闲设施于一体的综合性绿色住宅项目。通过合理的规划与设计,该项目在有限的土地资源上实现了最大化的空间利用,为城市居民提供了一处绿色宜居的生活空间。

3）绿色设计特点

（1）自然融合。伊甸园之家的设计充分考虑了与周围环境的和谐融合。住宅通过木格子墙和玻璃外墙的巧妙设计,形成了一道空隙,这一空隙被用来种植树木和一系列当地的植物,为建筑注入了一抹自然之美。这种设计不仅美化了建筑外观,还提高了室内空气质量,为住户带来了更为舒适的居住环境（图 6-42）。

图 6-42　住宅与自然融合

（2）节能环保。在建筑材料的选择上,伊甸园之家采用了环保、可再生的材料,如当地制造的砖块、木材等（图 6-43）。同时,住宅还配备了高效的隔热材料和先进的通风系统（图 6-44）,以确保居住者在全年任何时候都能享受到宜人的室内温度。此外,住宅还采用了太阳能发电系统,为住户提供了清洁、可再生的能源（图 6-45）。

图6-43　当地制造的砖块、木材

图6-44　隔热材料

图6-45　太阳能发电系统

　　(3)绿化空间。伊甸园之家的绿化空间是其一大亮点,除了建筑周围的绿化景观外,住宅内部也设计有多个绿化区域,如阳台、露台等(图6-46)。这些区域种植了丰富的植物,为住户提供了一个亲近自然、放松身心的空间。此外,住宅还设计了一个共享花园,供住户共同使用和养护,进一步促进了社区之间的交流和互动(图6-47)。

图6-46　住宅内部绿化　　　　　　　　图6-47　露台绿化空间

　　新加坡伊甸园之家是一座典型的绿色住宅案例。通过自然融合、节能环保和绿化空间的设计,该住宅不仅为住户提供了一个舒适、健康的居住环境,还实现了与周围环境的和谐共生。这种设计理念不仅符合可持续发展的要求,也为其他地区的绿色住宅建设提供了有益的借鉴和参考。

参考文献

[1] 田学泽,胡庆国,何忠明.基于改进组合赋权:动态模糊理论的装配式建筑吊装施工安全风险评价[J].土木工程与管理学报,2021,38(3):7.

[2] 荀志远,张丽敏,赵资源,等.基于组合赋权云模型的装配式建筑成本风险评价[J].土木工程与管理学报,2020,37(6):6.

[3] 王灵智,闫林君.基于组合赋权:可变模糊集的装配式建筑施工安全评价[J].中国安全生产科学技术,2020,16(11):7.

[4] 李杨,侯晓娜.基于 G1 - COWA 组合赋权的装配式建筑施工风险评价[J].华北理工大学学报:自然科学版,2020,42(4):7.

[5] 王建波,张玮.基于改进组合赋权云模型的装配式建筑成本风险评价[J].吉林建筑大学学报,2022,39(1):6.

[6] 苗泽惠,施德阳.基于组合赋权法:向量夹角余弦的装配式建筑施工质量评价研究[J].安徽建筑,2020,27(10):2.

[7] 沈良峰,王周钰,吴心悦.建筑企业工业化建造产业价值链的形成路径及价值研究[J].科技和产业,2022,22(4):188 - 193.

[8] 陈超,郝生跃,任旭.装配式建筑构件部 JIT 采购模型研究[J].工程管理学报,2019,33(5):25 - 29.

[9] KUMAR S. A BIM - based framework for site layout optimization and material logistics planning on congested constructionsites[D]. Hong Kong:The HongKong University of Science and Technology,2015.

[10] 庞嵩,肖承波,凌程建.四川省工业化施工建筑工程建设地方标准体系进展研究[J].四川建筑,2021,41(S1):19 - 21.

[11] 刘喆,刘娜,董坤,等.装配式建筑一体化发展问题研究[J].智能建筑与智慧城市,2019(11):122 - 124.

[12] 周梓珊.基于 BIM 的装配式建筑产业化效率评价的指标体系研究[D].北京:北京交通大学,2018.

[13] 齐宝库,王丹,白庶,等.预制装配式建筑施工常见质量问题与防范措施[J].建筑经济,2016,37(5):28 - 30.

[14] 齐宝库,朱娅,刘帅,等.基于产业链的装配式建筑相关企业核心竞争力研究[J].建筑经济 2015(8):102 - 105.

[15] ISAAC S,BOCK T,STOLIAR Y. A methodology for the optimal modularization of buildingdesign [J]. Automation in Construction,2015,65:116 – 124.

[16] 魏子惠,苏义坤.工业化建筑建造评价标准体系的构建研究[J].山西建筑,2016,42(4): 234 – 236.

[17] 郭娟利,高辉,房涛.构建工业化住宅建筑体系与建筑部品设计方法研究:SDE2010（太 阳能十项全能竞赛）实例研究[J].工业建筑,2013,43(6):42 – 46.

[18] 蒋红妍,钟兴润,赵向东,等.旧工业建筑再利用的项目策划[J].工业建筑,2013,43 (10):19 – 23.

[19] 罗佳宁.构成秩序视野下新型工业化建筑的产品化设计与建造[M].南京:东南大学出 版社,2020:15 – 18.

[20] 林艺馨,詹耀裕.工业化建筑市场运营与策略[M].南京:东南大学出版社,2018: 30 – 35.

[21] 王鑫,吴文勇,李洪涛,等.装配式混凝土建筑深化设计[M].重庆:重庆大学出版社, 2020:103 – 105.

[22] 王鑫,刘晓晨,李洪涛,等.装配式混凝土建筑施工[M].重庆:重庆大学出版社,2018: 92 – 98.

[23] XI J J. Small – Scale Public Transportable and Pre – Fabricated Buildings:Evaluating their Functional Performance[M]. Taylor & Francis,2018:23 – 25.

[24] 郭学明,张晓娜,李营,等.装配式混凝土结构建筑的设计、制作与施工[M].北京:机械 工业出版社,2017:76 – 79.

[25] 齐宝库,李长福.基于 BIM 的装配式建筑全生命周期管理问题研究[J].施工技术, 2014,43(15):25 – 29.

[26] 李忠富,李晓丹,韩叙.我国工业化建筑领域研究热点发展趋势[J].土木工程与管理学 报,2017,34(5):8 – 14.

[27] 王艳艳.工业化建筑供应链的合作机理研究[D].重庆:重庆大学,2019.

[28] WANG Z, HU H, GONG J,et al. Precast supply chain management in off – site construction: a critical literature review [J]. Journal of Cleaner Production, 2019, 232:1204 – 1217.

[29] KAMALI M, HEWAGE K. Life cycle performance of modular buildings: a critical review [J]. Renewable & Sustainable Energy Reviews, 2016, 62: 1171 – 1183.

[30] DUBOIS A,GADDE L E. Supply strategy and network effects – purchasing behaviour in the construction industry [J]. 2000, 6(3 – 4): 207 – 215.

[31] 李晓丹.装配式建筑建造过程计划与控制研究[D].大连:大连理工大学,2018.

[32] CHEN J H, YANG L R, TAI H W. Process reengineering and improvement for building precast production [J]. Automation in Construction, 2016, 68: 249 – 258.

[33] CHAN W T, HU H. Constraint programming approach to precast production scheduling [J].

Journal of Construction Engineering & Management，2002，128（6）：513－521.

［34］马智亮，张东东，马健坤.基于 BIM 的 IPD 协同工作模型与信息利用框架［J］.同济大学学报，2014，42（9）：1325－1332.

［35］刘平，李启明.BIM 在装配式建筑供应链信息流中的应用研究［J］.施工技术，2017，46（12）：130－133.

［36］YIN S Y，TSERNG H P，WANG J C，et al. Developing a precast production management system using RFID technology［J］. Automation in construction，2009，18（5）：677－691.

［37］朱蕾，陈静怡，袁竞峰.基于 ISM 的装配式建筑供应链韧性关键影响因素研究［J］.土木工程与管理学报，2020，37（5）：108－114.

［38］罗佳宁.建筑工业化视野下的建筑构成秩序的产品化研究［D］.南京：东南大学，2018.

［39］王俊，赵基达，胡宗羽.我国建筑工业化发展现状与思考［J］.土木工程学报，2016，49（5）：1－8.

［40］王兴冲，唐琼，董志胜，等.BIM＋技术在装配式建筑建设管理中的应用研究［J］.建筑经济，2021，42（11）：19－24.

［41］谢思聪，陈小波.基于多层编码遗传算法的两阶段装配式建筑预制构件生产调度优化［J］.工程管理学报，2018（1）：18－22.

［42］蒋勤俭. 国内外装配式混凝土建筑发展综述［J］.建筑技术，2010，41（12）：1074－1077.

［43］罗佳宁. 建筑工业化视野下的建筑构成秩序的产品化研究［D］. 南京：东南大学，2018.

［44］容思思.不确定环境下装配式建筑鲁棒性调度研究［D］.武汉：武汉理工大学，2017.

［45］陈伟，秦海玲，童明德.多维作业空间下的装配式建筑工程资源调度［J］.土木工程学报，2017，50（3）：115－122

［46］班丹梅.装配式建筑预制混凝土构件生产优化方法研究［D］.西安：西安建筑科技大学，2020.

［47］王卓.装配式建筑 PC 构件供应链订单协同决策模型研究［D］.北京：北方工业大学，2020.

［48］吴昊.不确定环境下的装配式住宅项目调度研究［D］.西安：西安建筑科技大学，2016.

［49］王朝静.波动干扰下装配式住宅预制构件生产调度优化研究［D］.上海：上海交通大学，2018.

［50］ARASHPOUR M，WAKEFIELD R，ABBASI B，et al. Off－site const ruction optimization：sequencing multiple job classes with time constraints［J］. Automation in Construction，2016，71（2）：262－270.

［51］NING X，DING L，LUO H，et al. A multi-attribute model for construction site layout using intuitionistic fuzzy logic［J］. Automation in Construction，2016，72：380－387.

［52］张亚帅.浅谈装配式建筑的现状及其发展前景［J］.建材与装饰，2018（12）：175.

［53］白月枝.我国装配式建筑进入快速发展新阶段［J］.墙材革新与建筑节能，2016（11）：

48 – 49.

[54] 赖明,尚春明,全贵婵. 中国建筑业信息化的现状与发展[J]. 建筑经济,2003(10):
7 – 15.

[55] JU H L,SONG J H,OH K S,et al. Information lifecycle management with RFID for material on construction sites[J]. Advanced Engineering Informations,2013,27(1):108 – 119.

[56] 刘美霞. 国外发展装配式建筑的实践与经验借鉴[J]. 建设科技,2016(Z1):40 – 42.

[57] 郭章林,梁婷婷. 浅谈装配式建筑的发展[J]. 价值工程,2017,(2):233 – 235.

[58] 马晓飞. 基于云 BIM 的装配式建筑预制构件集成管理研究[D]. 武汉:武汉理工大学,2017.

[59] 金晨晨. 基于装配式建筑项目的 EPC 总承包管理模式研究[D]. 济南:山东建筑大学,2017.

[60] 董嘉林,袁泉,刘美霞,等. 装配式建筑部品部件编码规则研究[J]. 建设科技,2017(22):
53 – 55.

[61] 陈煌鑫. 福建省装配式建筑发展制约因素及其对策研究[D]. 福州:福建工程学院,2018.

[62] 魏帆. 建筑工业化背景下建筑部品大规模定制管理研究[D]. 北京:北京交通大学,2017.

[63] 中华人民共和国国家质量监督检验检疫总局,中国国家标准化管理委员会. 装配式混凝土建筑技术标准[G]. 北京:中国标准出版社,2016.

[64] 岳莹莹. 基于 BIM 的装配式建筑信息共享途径和方法研究[D]. 聊城:聊城大学,2017.

[65] 罗麒锐. 基于装配式建筑的信息分析[J]. 砖瓦,2018(7):56 – 58.

[66] 张海燕. 基于 BIM 的建设领域文本信息管理研究[D]. 大连:大连理工大学,2013.

[67] 尚春静,基于建筑生命周期的建筑业管理信息化研究[D]. 北京:北京交通大学,2007.

[68] 刘光忱,车诗雨,王俊森,等. BIM&RFID 技术在装配式建筑中的应用研究[J]. 辽宁经济,2017(2):90 – 91.

[69] 白庶,张艳坤,韩凤,等. BIM 技术在装配式建筑中的应用价值分析[J]. 建筑经济,2015,11:106 – 109.

[70] 彭奕岚. 预制混凝土楼梯对框架结构的抗震性能影响分析[D]. 重庆:重庆大学,2017.

[71] 唐宇轩. 一种新型装配式混凝土梁—板结构体系的力学性能研究[D]. 广州:华南理工大学,2017.

[72] 袁健. 钢筋混凝土梁受剪承载力及其可靠度研究[D]. 长沙:湖南大学,2017.

[73] 颜磊. 装配式混凝土剪力墙结构施工及抗震性能研究[D]. 青岛:青岛理工大学,2018.

[74] 彭奕岚. 预制混凝土楼梯对框架结构的抗震性能影响分析[D]. 重庆:重庆大学,2017.

[75] 李兆坚. BIM 在建筑可持续设计中的应用[J]. 苏州科技学院学报,2012,2:68 – 71.

[76] 肖阳. BIM 技术在装配式建筑施工阶段的应用研究[D]. 武汉:武汉工程大学,2017.

[77] 郑晶晶. BIM 与 RFID 技术在装配式建筑中的应用研究[D]. 大连:大连理工大学,2018.

[78] 颜建,陆小彪,王鹏. BIM + revit 信息流与 RFID 技术用于装配式内装项目的施工管理研

究[J].建设科技,2018(22):58-60.

[79] 齐宝库,李长福.基于 BIM 的装配式建筑全生命周期管理问题研究[J].施工技术,2014,43(15):25-29.

[80] 陈红杰,李高锋,武永峰.基于 BIM 和 RFID 技术的装配式建筑施工进度信息化采集研究[J].项目管理技术,2018,16(10):22-26.

[81] 姚彬峰,马小军.BIM 和 RFID 技术在开放式建筑全生命周期信息管理中的应用[J].施工技术,2015,44(10):92-95.

[82] 王鑫,吴文勇,李洪涛,等.装配式混凝土建筑深化设计[M].重庆:重庆大学出版社,2020.

[83] 张军军,石刘睿恬.新型工业化建造设计及其协同模式[M].南京:东南大学出版社,2020.

[84] 吴素敏.BIM 和 RFID 技术在装配式建筑施工过程管理中的应用[J].江西建材,2016(17):104.

[85] 齐宝库,李长福.基于 BIM 的装配式建筑全生命周期管理问题研究[J].施工技术,2014(15):25-29.

[86] 宋楠楠.基于 Revit 的 BIM 构件标准化关键技术研究[D].西安:西安建筑科技大学,2015.

[87] 田学泽,胡庆国,何忠明.基于改进组合赋权:动态模糊理论的装配式建筑吊装施工安全风险评价[J].土木工程与管理学报,2021,38(3):7.

[88] 荀志远,张丽敏,赵资源,等.基于组合赋权云模型的装配式建筑成本风险评价[J].土木工程与管理学报,2020,37(6):6.

[89] 王灵智,闫林君.基于组合赋权:可变模糊集的装配式建筑施工安全评价[J].中国安全生产科学技术,2020,16(11):7.

[90] 李杨,侯晓娜.基于 G1-COWA 组合赋权的装配式建筑施工风险评价[J].华北理工大学学报:自然科学版,2020,42(4):7.

[91] 王建波,张玮.基于改进组合赋权云模型的装配式建筑成本风险评价[J].吉林建筑大学学报,2022,39(1):6.

[92] 苗泽惠,施德阳.基于组合赋权法:向量夹角余弦的装配式建筑施工质量评价研究[J].安徽建筑,2020,27(10):2.

[93] 王博,佟晓超,昌文芳.装配式建筑 PC 部品部件认证技术探讨[J].混凝土,2019(12):129-135.

[94] 沈良峰,王周钰,吴心悦.建筑企业工业化建造产业价值链的形成路径及价值研究[J].科技和产业,2022,22(4):188-193.

[95] SCHOENBORN J M. A case study approach to identifying the constraints and barriers to design

innovation for modular construction[M]. Blacksburg：Virginia Polytechnic Institute and State University,2012.

［96］陈超,郝生跃,任旭. 装配式建筑构件部 JIT 采购模型研究[J]. 工程管理学报,2019,33 (5)：25－29.

［97］KUMAR S. A BIM－based framework for site layout optimization and material logistics planning on congested constructionsites[D]. Hong Kong：The Hong Kong University of Science and Technology,2015.

［98］庞嵩,肖承波,凌程建. 四川省工业化施工建筑工程建设地方标准体系进展研究[J]. 四川建筑, 2021,41(S1):19－21.

［99］刘喆,刘娜,董坤,等. 装配式建筑一体化发展问题研究[J]. 智能建筑与智慧城市,2019 (11):122－124.

［100］周梓珊. 基于 BIM 的装配式建筑产业化效率评价的指标体系研究[D]. 北京:北京交通大学,2018.

［101］齐宝库,王丹,白庶,等. 预制装配式建筑施工常见质量问题与防范措施[J]. 建筑经济,2016,37(5):28－30.

［102］齐宝库,朱娅,刘帅,等. 基于产业链的装配式建筑相关企业核心竞争力研究[J]. 建筑经济,2015(8):102－110.

［103］ISAAC S,BOCK T,STOLIAR Y. A methodology for the optimal modularization of buildingdesign [J]. Automation in Construction,2015,65:116－124.

［104］魏子惠,苏义坤. 工业化建筑建造评价标准体系的构建研究[J]. 山西建筑,2016,42 (4):234－236.

［105］郭娟利,高辉,房涛. 构建工业化住宅建筑体系与建筑部品设计方法研究:SDE2010（太阳能十项全能竞赛)实例研究[J]. 工业建筑,2013,43(6):42－46.

［106］蒋红妍,钟兴润,赵向东,等. 旧工业建筑再利用的项目策划[J]. 工业建筑,2013,43 (10)：19－23.

［107］罗佳宁. 构成秩序视野下新型工业化建筑的产品化设计与建造[M]. 南京:东南大学出版社,2020:15－18.

［108］林艺馨,詹耀裕. 工业化建筑市场运营与策略[M]. 南京:东南大学出版社,2018: 30－35.

［109］王鑫,吴文勇,李洪涛,等. 装配式混凝土建筑深化设计[M]. 重庆:重庆大学出版社, 2020:103－105.

［110］王鑫,刘晓晨,李洪涛,等. 装配式混凝土建筑施工[M]. 重庆:重庆大学出版社,2018: 92－98.

［111］郭学明,张晓娜,李营,等. 装配式混凝土结构建筑的设计、制作与施工[M]. 北京:机械

工业出版社,2017:76－79.

[112] 齐宝库,李长福.基于 BIM 的装配式建筑全生命周期管理问题研究[J].施工技术,2014,43(15):25－29.

[113] 李忠富,李晓丹,韩叙.我国工业化建筑领域研究热点发展趋势[J].土木工程与管理学报,2017,34(5):8－14.

[114] 王艳艳.工业化建筑供应链的合作机理研究[D].重庆:重庆大学,2019.

[115] WANG Z, HU H, GONG J, et al. Precast supply chain management in off－site construction:a critical literature review [J]. Journal of Cleaner Production, 2019,232:1204－1217.

[116] KAMALI M, HEWAGE K. Life cycle performance of modular buildings:a critical review [J]. Renewable & Sustainable Energy Reviews, 2016, 62:1171－1183.

[117] 李晓丹.装配式建筑建造过程计划与控制研究[D].大连:大连理工大学,2018.

[118] CHEN J H, YANG L R, TAI H W. Process reengineering and improvement for building precast production [J]. Automation in Construction, 2016, 68: 249－258.

[119] CHAN W T, HU H. Constraint programming approach to precast production scheduling [J]. Journal of Construction Engineering & Management, 2002, 128(6): 513－521.

[120] 马智亮,张东东,马健坤.基于 BIM 的 IPD 协同工作模型与信息利用框架[J].同济大学学报,2014,42(9):1325－1332.

[121] 刘平,李启明.BIM 在装配式建筑供应链信息流中的应用研究[J].施工技术,2017, 46(12):130－133.

[122] YIN S Y,TSERNG H P, WANG J C, et al. Developing a precast production management system using RFID technology [J]. Automation in construction, 2009, 18(5): 677－691.

[123] 朱蕾,陈静怡,袁竞峰.基于 ISM 的装配式建筑供应链韧性关键影响因素研究[J].土木工程与管理学报,2020,37(5):108－114.

[124] CHENG M Y, CHANG N W. Dynamic construction material layout planning optimization model by integrating 4D BIM [J]. Engineering with Computers, 2018:1－18.

[125] 罗佳宁.建筑工业化视野下的建筑构成秩序的产品化研究[D].南京:东南大学,2018.

[126] 王俊,赵基达,胡宗羽.我国建筑工业化发展现状与思考[J].土木工程学报,2016, 49(5):1－8.

[127] 谢思聪,陈小波.基于多层编码遗传算法的两阶段装配式建筑预制构件生产调度优化[J].工程管理学报,2018(1):18－22.

[128] 蒋勤俭.国内外装配式混凝土建筑发展综述[J].建筑技术,2010,41(12):1074－1077.